KB120521

교토의
밤 산책자 ☽

일러두기

▪ 본문에 등장하는 메뉴명과 가게명은 가급적 현지 발음에 충실하게 표기했습니다.
그 외 모든 외래어표기는 국립국어원의 기준을 따랐습니다.
▪ 본문에 소개된 가게들에는 부정기 휴일과 메뉴 변동이 있을 수 있습니다.
방문 당일 홈페이지 등을 통한 확인을 권장합니다.
▪ 차례 앞에 있는 QR코드 하나로 이 책에 소개된 모든 장소의 방문이 가능합니다.
근처 가까운 버스정류장도 함께 입력되어 있어 유용하게 활용할 수 있습니다.

교토의
밤 산책자

나만 알고 싶은 이 비밀한 장소들

이다혜 지음

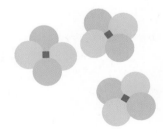

한겨레출판

● 시센도

● 에이칸도

■ 케이분샤

● 철학의 길

● 그릴 고다카라

● 야마모토멘조 우동

● 헤이안진구

● 난젠지

● 로쿠

● 오카키타 우동

● 무린안

● 츠타야

가모가와 강

● 교토부립식물원

● 기타노텐만구

● 로쿠요샤

● 신신도

● 시즈야

● 스마트커피

● 본토초

● 료안지

● 위켄더스커피

● 닌나지

● 르 노블

● 나카가와마사시치쇼텐

● 라 마드라그

✳ 한눈에 보는 <교토의 밤 산책자> 지도 ✳

● 마루야마 공원

● 야사카진자

● 기온 중심부   ● 고다이지

● 마츠바 본점   ● 기요미즈데라

● 치리멘산쇼 가게들

교토 외곽

● 오하라 (잣코인, 호센인, 산젠인)

● 미무로토지

● 산토리 맥주공장

● 아사히맥주 오야마자키 산장 미술관

● 산토리 야마자키 증류소

나라현

● 요시노산

● 로안 기쿠노이

● 후란소아 킷사시쓰

● 나카무라토키치 본점

contents

1
봄밤에는 잠들 수 없다

시간의 미감, 교토의 꽃과 계절

✽ 꽃을 느끼며 생명을 확인하는 일: 기타노텐만구의 매화 24

✽ 봄은 공짜: 고다이지 벚꽃과 결혼사진 찍는 어느 커플을 보며 31

✽ 봄밤에는 잠들 수 없다: 낮의 '철학의 길'과 밤의 '마루야마 공원' 39

✽ 애매하게 늦은 벚꽃철에: 료안지, 그곳엔 바다가 있다 51

✽ 요시노에 사쿠라가 만개했습니다: 그리운 사람을 만날 것 같은 곳 61

✽ 장마철의 즐거움: 수국의 계절 67

✽ 가을에는 단풍의 에이칸도: 난젠지와 공간을 가득 채운 고요 71

2

달밤에 단추를 줍는 기분 ✳

혼자여도, 섞여도 좋은 교토의 정원과 산책로

✳ 소중한 것은 안쪽 깊숙이 있어: 기요미즈데라와 연애의 신 88

✳ 운이 좋은 당신을 위한 교토의 비밀 정원:

　조주인, 촬영이 금지된 낙원에서 93

✳ 요란한 밤 산책: 본토초와 《밤은 짧아 걸어 아가씨야》 98

✳ 혼자여도, 섞여도 좋다: 가모가와 강변과 정지용 107

✳ 밤의 철학: 혼자 걷는 기온 중심부 114

✳ 새벽 장과 좋은 야채: 오하라와 산책길 125

✳ 당신은 교토를 좋아하게 될까?: 시센도의 액자 정원 135

✳ 애매할 때 언제나 정답: 정원의 호사, 헤이안진구 149

3

작은 자유는 여기 있다

마음과 취향을 알아주는 가게와 볼거리들

** 주당을 위한 놀이터: 산토리 야마자키 증류소, 산토리 맥주 공장,

  아사히맥주 오야마자키 산장 미술관 164

** 더위를 쫓는 모험: 교토부립식물원과 도요테이 174

** 심심파적의 비원: 이웃이 없는 집, 무린안 182

** 여름이 아니면 언제?: 기온마쓰리 전야제, 요이야마 189

** 책을 산다는 일: 츠타야와 케이분샤 198

** 살림은 싫지만 살림 도구는 좋아: 데누구이와 후킨의 매력 207

** 부엌에 놓는 그림: 갤러리 그릇 쇼핑 214

4

온몸이 녹신녹신해지는 맛 ✳

치장하지 않아 더욱 완벽한 교토의 음식

✳ 교토풍 샌드위치: 시즈야와 신신도의 양파 든 샌드위치 234

✳ 밥에 뿌려서 한 그릇 후딱: 찬 없는 식탁에서 최고의 대안, 치리멘산쇼 241

✳ 더위를 기다린 사람처럼: 교토의 여름과 물양갱 249

✳ 기본에 충실한 일본의 맛: 일본 디저트 252

✳ 헤이안진구는 오늘도 맛있음: 우동집 둘과 경양식집 하나 260

✳ 정통 교토식, 정통 일본식: 가이세키 요리 271

✳ 춥거나 피곤할 때 응급 식량: 마츠바의 니신소바 277

✳ 커피 마시고 쇼와 시대로: 교토의 킷사텐 281

✳ 교토 '오늘'의 커피: 위켄더스커피 290

✳ 프렌치토스트란 무엇인가: 자연스러운 하루의 시작, 스마트커피 297

작가의 말 ✳ 무슨 일이 있어도 사랑하겠습니까 ● 308

1

봄밤에는 잠들 수 없다

*시간의 미감, 교토의 꽃과 계절

✦ 시센도

3 철학의 길

8 에이칸도

✦ 금각사

5 료안지

1 기타노텐만구

6 닌나지

7 난젠지

가모가와 강

산조역

✦ 밤의 철학의 길

4 마루야마 공원

✦ 야사카진자

기온시조역

2 고다이지

✦ 네네의 길

교토역

교토 외곽

나라현

9 미무로토지

10 요시노산

✽ 교토의 꽃구경 명소

1 기타노텐만구

2 고다이지

3 철학의 길

4 마루야마 공원

5 료안지

6 닌나지

7 난젠지

8 에이칸도

✽ 교토 인근의 꽃구경 명소

9 미무로토지

10 요시노산

꽃을 느끼며 생명을 확인하는 일 *

기타노텐만구의 매화

눈이 아닌 줄 멀리서 아는 것은
그윽한 향기 덕분이리라
— 왕안석, 〈매화〉 중에서

피어나는 시기를 따져 가장 높은 평가를 받는 꽃은 매화다.
아직 추울 때 꽃망울을 맺고 꽃을 피우고 난 다음엔 강렬한
향을 내뿜으며 생명력을 자랑하기 때문이다. 추울 때도 꽃이
핀다는 면에서 절개를 상징하기도 한다. 생각해보면 동백꽃
도 마찬가지인데, 동백은 낙화의 모습으로 좋은 평가를 받는
쪽이다. 꽃잎이 제각각 흩어지는 대신 꽃송이가 목이 부러지
듯 통째로 떨어진다. 위엄을 잃지 않고 떨어지는 모습이라고
생각하는 듯하지만, 이런 모든 판단은 인간의 그것일 뿐, 자
연이 위엄을 따지거나 절개를 셈할 리 없다.

　　'나이가 들면 꽃이 예뻐 보인다'는 말을 무시하고 싶

지만, 나의 경우에는 정말 그랬다. 향이 강한 꽃들을 먼저 기억하게 되었다. 여름의 치자와 겨울 끝의 매화. 둘 다 내게는 '죽음'을 연상시키는 꽃인데, 특히 겨울 끝에 피는 매화가 그렇다. 10월 말부터 3월까지 죽은 가족들을 기억할 일이 줄줄이 있는 겨울은, 그 시작도 끝도 감당하기 쉽지 않다. 할머니 장례를 치르고 돌아오는 길에 길가에 흐드러지게 핀 개나리를 보며 운 기억이 있으니 매화가 피는 시기와는 맞지 않는 편이지만, 매화 구경을 처음 갔을 때 나는 서늘한 계절에 피어나는 생명력에 기절할 정도로 놀랐고, 그것이 겨울의 절정이자 끝이라고 몸으로 알게 되었다.

기타노텐만구北野天満宮는 본래 학문의 신을 모시는 곳으로, 수험생이나 수험생 가족들이 자주 찾는다. 헤이안 시대의 학자이자 문인이었고, 어려서부터 신동이었다는 스가와라노 미치자네가 모함을 당해 억울하게 죽은 후 교토에 재난이 이어지자, 그를 달래기 위해 지은 곳이라고 한다. 사당을 지었으니 공부를 잘하게 되거나 시험에 붙게 되겠지 하는 사고가 조금 신기하게 느껴지기는 하지만, 어쨌든 그렇다. 공부를 잘하게 해주는 부적도 판매해서 학생들이 길게 줄을 서서 구입하는 모습도 쉽게 볼 수 있다.

하지만 내게는 진한 암향으로 더 깊이 각인된 곳, 기타노텐만구에 처음 간 날, 이미 시간이 늦어 해가 뉘엿뉘엿 기울고 있었다. 비가 내리다 그치고 있었고 날이 차 자연히 방문객수도 줄어 있었다. 가지 말까 하는 생각을 버스에서 내리는순간까지 했다. 겨울의 여행은 대개 앞서 말한 이유로 도피성이 강해지기 때문에…….

매화를 '볼' 생각으로 표지판을 따라 별 의욕 없이 발걸음을 옮기는데, 말도 안 되게 진한 매화의 암향이 싸늘한공기를 타고 나를 뒤덮었다. 그때의 기분을 나는 영원히 잊을수 없으리라.

기타노텐만구는 사시사철이 다 좋지만 특히 매화와 단풍 명소로 추천할 만하다. 이곳의 매화 축제는 매년 2월 중순매화 정원 개방을 시작으로 3월 하순까지 열린다. 매화 시즌과 단풍 시즌(11월 상순~12월 상순)에는 기타노텐만구 보물전도 특별 개관한다. 스가와라노 미치자네의 생일인 2월25일에는 '바이카사이(매화제)'라는 특별한 행사도 열리는데, (벚꽃과 달리) 꽤 긴 기간을 관상할 수 있다. 종에 따라 피는 시기가 달라 언제 가든 분명, 당신을 요란하게 부르며 향을 내뿜는 나무가 있을 거라고 장담한다.

　매원은 유료 입장인 반면 기타노텐만구는 돈을 내지 않고도 들어가 매화를 충분히 구경할 수 있다. 하지만 돈을 내는 데는 다 이유가 있는 법. 일본에서 어디가 뭐로 유명하다고 할 때는 대체로 허명이 없다. 기타노텐만구의 매원 역시 그렇다. 들어서면 사방에 매화나무밖에 보이지 않는다. 나는 꽃향기에 취해 사진을 찍는다. 매화로 유명한 정원들을 여럿 가보았지만, 이곳처럼 입구까지 꽤 걸어야 하는데도 초입부터 암향이 진동하는 곳은 또 없다. 사람을 홀리는 향, 기타노텐만구 밖으로 나가고 싶지 않게 만드는 그런 향. 집에 돌아가는 길, 담을 따라 걷는 속도는 자연스레 늦어진다.

　해마다 매화가 피는 시기에는 감사를……. 겨울이 끝나고 봄이 온다는 것은 내게 이런 뜻이다. '당신이 살아 있어서 고맙다.' 그런 실감이 자연스러운 나이가 되었다. 이제는 이곳저곳으로부터, 사고와 병으로부터 살아 돌아온 사람들을 보면 눈물겹게 고맙다. 죽음은 관념이 아니라는 사실을 이제 아니까. 죽음은 다시는 만날 수 없게 되는 것, 작별 인사를 하며

다시 만나기를 기대할 수 없는 것이다.

　　정말 고마워요. 나의 생환자들. 흐드러지게 핀 매화 사이에서 숨을 쉬며 그 향을 맡는 일이 나는 참 좋다. 그래서 매화를 좋아하게 되었으니. 나는 다시 숨을 쉬며 꽃을 느끼고 생명을 확인한다. 이 꽃은 내년 이맘때에도 이렇게 피겠지. 긴 겨울이 이렇게 끝난다.

ⓘ ＊ **기타노텐만구**

JR교토역 B정류장에서 시내버스 50번 또는 101, 111번 탑승 후 기타노텐만구마에(北野天満宮前) 정류장에서 하차, 도보 5분

@ 입장 시간 4~9월 05:00~18:00 · 10~3월 05:30~17:30 (단, 매화 정원·단풍 정원은 09:00~16:00, 단풍 정원 라이트업 시기에는 일몰 후~20:00), 연중무휴, 입장료 경내 무료(단, 보물전 500엔 · 매화 정원 및 단풍 정원 800엔, 다과 포함), www.kitanotenmangu.or.jp

봄은 공짜 *

고다이지 벚꽃과 결혼사진 찍는 어느 커플을 보며

봄이

이리도 꼭 찾아오는 나라라서

다행이야

— JR 광고 카피 중에서

역사적으로 달가운 이름은 아니지만 도요토미 히데요시와 관련된 벚꽃 명소가 있다. 벚꽃 철에 라이트업을 하는 절 중, 기온祇園에서 걸어갈 수 있는 거리에 있는 곳, 바로 고다이지 高台寺다. 일본에는 온갖 종류의 벚나무가 있기 때문에 벚꽃의 명소라고 불리는 곳은 대체로 두 경우 중 하나다. 첫째, 벚나무가 많아서. 둘째, 특별히 아름다운 벚나무가 있어서. 고다이지는 단연 후자다.

고다이지는 도요토미 히데요시가 죽은 후 그의 명복을 빌기 위해 그의 부인인 기타노만도코로가 출가해 1606년에

세운 절이다. 고다이지 앞에 돌로 포장된 길은 네네노미치ねね
の道, 즉 '네네의 길'이라고 불리는데, 네네노미치의 '네네'는
앞서 말한 그의 정실부인의 또 다른 호칭이다. 헤이안 시대
에는 주로 북쪽 방에 머무는 정실부인들을 '북쪽 마님' 정도
의 '기타노카타'라고 불렀고, 그중에서도 고위 조정 관료들의
정실부인에게는 '기타노만도코로'라는 일괄적인 칭호를 붙
였다. 네네 역시 남편이 관백(일본의 천황 대신 정무를 총괄
하는 관직으로, 오늘날의 총리와 비슷하다)에 임명된 직후 이
칭호를 받았고, 기타노만도코로는 후대로 오며 네네만을 지
칭하는 칭호로 바뀌게 되었다.

  당시 도쿠가와 이에야스가 정치적 배려로 막대한 재정
적 지원을 아끼지 않았으니 고다이지의 화려함은 놀랄 일이
아니며, 고다이지 앞길을 네네노미치라고 부르는 것도 당연
하다. 하지만 조선과의 역사가 교차한 지점들을 떠올리면, 도
요토미 히데요시와 도쿠가와 이에야스의 권세를 느낄 수 있
는 고다이지가 달갑지만은 않다. 그런 이유로 고다이지를 찾
지 않는 사람들도 있는데, 그렇다고 네네노미치까지 놓치기
는 아깝다.

어느 절의 정원에나 보물 같은 볼거리가 하나쯤은 있기 마련인데, 일본 정원은 그 볼거리를 극적으로 등장시키는 구조로 되어 있어 구경할 때마다 나를 감탄하게 만든다. 고다이지도 정해진 길을 따라 경내로 들어와서 본당 마루로 향하기 전까지는 아무것도 보이지 않는다. 하지만 모퉁이를 돌며 자갈 정원을 정면으로 마주하는 순간, 절로 와! 하는 소리가 나올 정도로 거대하고 흐드러진 시다레자쿠라(수양버들처럼 가지가 늘어진 벚나무)가 보인다. 이름 있는 절이 대체로 그렇듯 사계가 다 아름답지만, 이곳의 봄이 조금 더 특별한 이유는, 봄마다 자갈 정원 한 구석에서 모든 사랑을 한 몸에 받은 아이처럼 천진하게 만개하는 이 시다레자쿠라 때문일 것이다.

고다이지는 기요미즈데라清水寺처럼 봄과 가을에 라이트업을 한다. 봄이든 가을이든 둘 중 한 곳을 택하라면, 솔직히 나는 열 번 중 열 번 모두 고다이지로 갈 것이다. 음악을 틀고 원색의 조명을 이리저리 휘두르며 약간 어지러운 라이트업 쇼를 하기도 하지만(앞으로는 그런 일이 없기를……. 아무런 장식 없이 창백한 조명만 켜놓아도 좋을 곳이다), 어쨌든

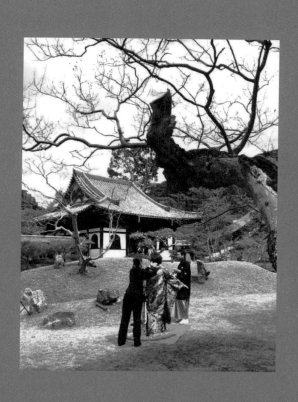

숙소로 돌아가면 잠이 안 올 정도로 좋기 때문이다.

좀 더 따지자면 기요미즈데라의 오르막길 오르기가 귀찮아서이기도 하고, 고다이지 쪽이 절제와 과잉이 동시에 존재하는 '기묘하고도 신비한 일본 정원'이라는 인상을 강하게 남기는 이유도 있다. 봄이 아닌 계절에는 그저 보통의 나무일 뿐인 시다레자쿠라가 1년 중 연초 몇 개월에만, 마법이 풀린 듯 분홍으로 치장하기 때문이리라.

자갈 정원을 보고 나서 관람 경로를 따라 가면 연못을 낀 정원과 산책로가 나온다. 봄이 아닌 계절에는 언제나 이쪽 정원에서 시간을 오래 쓰게 된다. 여기서 결혼사진을 찍는 커플을 두어 번 본 적이 있다. 전통 혼례복을 입고 일본 정원에 서 있는 모습이 아름다웠다.

보통 꽃놀이를 할 때의 전통의상은 때와 장소에 따라 색이 결정되는데, 야외에서 입는 옷이라면 '때'라는 말에 계절적 요소가 들어가게 되어 있다. 예를 들어 은은한 색의 꽃이 피는 계절과 장소라면, 그 멋을 살리기 위해 지나치게 색이 짙은 기모노는 고르지 않는다. (요즘에는 관광객을 위한 기모노 체험이 워낙 흔해서 그렇게까지 주의를 기울이지 않는 이들이 자주 보이긴 하지만.)

전통 혼례복을 보며 왜 이렇게 신부의 옷은 혼자 정돈하기 어렵게 만들었을까 하는 생각에 잠겼다. 한복을 입는 전통 혼례든 웨딩드레스를 입는 서양식 결혼이든, 언제나 신부는 누군가가 도와주지 않으면 옷을 입을 수도, 벗을 수도, 움직일 수도 없다. 마치 완벽하게 꽃꽂이를 마친 작품처럼.

곁에 선 신랑의 옷차림과 달라도 너무 다르다. 웨딩 촬영을 하는 사람들을 보고 있으면 그런 사실이 더 실감난다. 사진으로 찍힌 모습을 볼 때는 아름답다는 감상이 우선하지만, 찍는 과정을 보고 있으면 마음이 복잡해진다. 하나의 예술품 같다는 말은 동경할 만큼의 아름다움을 지녔다는 말인 동시에, 살아 있는 존재의 활력을 느끼기 어렵다는 뜻이기도 하다. 여성의 치장은 대체로 그렇다.

이제 '운동화 인간'이 된 나는, 운동화를 신고 정원의 돌다리를 건너 높은 곳까지 쉬지 않고 오르내리며 생각한다. '옛날 여자들의 잔뜩 꾸민 복식으로는 갈 수 없는 곳이 얼마나 많았을까'라고. 현대의 여성들은 결혼식을 올릴 때, 그 불편함의 끝판왕 같은 복식을 경험하는 셈이다. 이런 생각을 하면서도, 고보리엔슈(에도 시대 초기에 활동한 일본 정원의 명장)가 만들었다는 고다이지 연못의 정원을 배경으로 선 결혼을 앞둔 이들의 모습은 그림처럼 어울렸다.

✳✳ **다혜's Tip**

Q. 교토에서 인력거를 탄다면 어디까지 가면 좋을까?

A: 네네노미치로 가는 걸 추천한다. 호객하는 인력거꾼의 친절한 인사 소리가 네네노미치를 상징한다고 할 수 있을 정도니, 그 시간과 길이 전혀 아깝지 않다.

①✳ **고다이지**

JR교토역 D정류장에서 시내버스 86번 또는 100, 106, 110, 206번 탑승 후 히가시야마야스이(東山安井) 정류장에서 하차, 도보 7분
@ 입장 시간 09:00~17:30(17:00 입장 마감) · 라이트업 시기에는 일몰 후 ~22:00(21:30 입장 마감), 연중무휴, 입장료 600엔(쇼미술관 포함), www.kodaiji.com

봄밤에는 잠들 수 없다 *

낮의 '철학의 길'과 밤의 '마루야마 공원'

밤에 핀 벚꽃
오늘 또한 옛날이
되어버렸네
— 고바야시 잇사

돈 내고 들어갈 수 있는 벚꽃 명소는 얼마든지 있다. 하지만 돈을 내지 않고 즐길 수 있는 절경 또한 있기 마련이다. 낮의 명소는 철학의 길哲学の道이고, 밤의 명소는 단연 마루야마 공원円山公園이다. 수로를 따라 심은 벚나무가 아름다운 철학의 길은 벚꽃이 만개했을 때도 좋지만 벚꽃이 떨어질 때 가면 수로 끝부분 거름망 근처가 온통 벚꽃 잎으로 뒤덮인 분홍색 물결을 볼 수 있다. 날짜를 잘못 맞춰 벚꽃이 다 질 무렵 교토에 도착했다면 철학의 길 수로를 따라 걸어보면 어떨까?

마루야마·공원과 비교해 철학의 길이 가진 또 다른 특

징이라면, '걸으면서 보는 곳'이라는 데 있다. 주변에 아기자기한 가게도 있어 천천히 걷기 좋은 길이다. 벚꽃 철에는 인산인해를 이루지만, 어차피 개장 시간이 따로 있는 곳은 아니니 아침 일찍 방문하고 밥을 먹는 게 낫다.

나는 기온 중심부에서 헤이안진구平安神宮를 거쳐 긴카쿠지銀閣寺의 철학의 길까지 걸어서 꽤 자주 다니는데, 한겨울이나 한여름이 아니라면 40분에서 1시간 정도 걸린다. 기분에 따라 철학의 길 여기저기에 있는 작은 절들에 들어가 구경하기도 한다.

철학의 길은 긴카쿠지 앞에서 시작해 난젠지南禪寺 앞에서 끝난다. 일본의 철학자 니시다 기타로가 이 길을 산책했다고 해서 철학의 길이라고 부른다는데, 실제로 걷다 보면 온갖 잡생각이 다 난다. 2킬로미터 정도 되는 이 길은, 기분 좋은 날에는 '벌써 끝이네' 싶다가도 기분이 저조한 날에는 '앞으로 가기도, 돌아가기도 애매한 지점에 와버렸구나' 싶어진다.

인생은 너무나 자주 애매한 곳에서 갈등하도록 생겨먹었다. 돌아가기도, 앞으로 가기도 애매하다. 나의 인생은 왜 매번 이러한지. 이런 갈등이 없는 때가 바로 벚꽃 철의 철학의 길이다. 인파로 북적이고 날은 (대체로) 화창하다. 사진을 좀 찍다가 '사람 살려!' 하는 기분으로 탈출하곤 한다.

나는 벚꽃 구경도 단풍 구경도 많이 다녔는데, 그러다 생긴 요령이라고 하면 '낮을 포기하는 것'이다. 꽃과 단풍이 난리인 교토의 성수기(3월과 9월)는 특히 악명 높은데, 일단 숙박비가 평소의 두 배가 되고 그나마도 빈 방을 찾기 어렵다. 유명하다는 관광지는 사람에 치여 죽을 것 같고 뒷사람에 밀려 원치 않아도 앞으로 앞으로 이동하게 된다. 밥 한번 먹으려면 맛집은 고사하고 어느 식당이든 일단 줄을 서야 하는 일이 다반사고, 절에 들어가기 위해 줄을 서는 경우도 적지 않다. 버스는 당연 만원. 지쳐서 아무것도 할 수 없다.

다행인 점이라면 교토의 절은 관람 경로를 잘 만들어서 사람이 아무리 많아도 벚나무를 찍을 때 사람들이 바글바글하게 찍히지 않는다는 것이다. 사진에는 나무 홀로 요요히 서 있는 것처럼 나와도 실제 상황은 아수라장이라는 말이다.

나도 한때는 고통을 견뎌가며 잘 다녔는데, 요 몇 년은 거의 포기했다. 나는 강철 체력의 소유자가 아니고, 벚꽃은 내년에도 핀다. 내가 내년에 죽기라도 해서 벚꽃을 보지 못하면

그러라고 하지 뭐. 여하튼 내 뼈와 살을 갈아 터득한, 체력이 약한 자들을 위한 교토 성수기 가이드는 이렇다.

첫째, 과욕을 부리지 않는다. 하루 두 곳, 최대 세 곳 정도를 목표로 한다.

둘째, 무조건 해당 장소가 문을 여는 시간(대체로 9시)에 맞춰서 도착하도록 일정을 짠다. 일찍 일어나서 일찍 움직인다. 그리고 식사를 한 뒤 휴식한다. 숙소에 들어가서 쉬든, 커피숍에서 쉬든 상관없다.

셋째, 입장 마감 시간(대체로 4시쯤) 1시간 전쯤 두 번째 목표지에 들어가서 내보낼 때까지 구경한다.

넷째, 낮에 쉬지 않았다면 지금이야말로 쉴 때다. 라이트업을 놓치기 싫다면 이때 무조건 쉬어야 한다. 저녁을 먹고, 가고자 하는 절의 라이트업 일정을 알아본다.

다섯째, 라이트업은 보통 일몰 후에 시작해서 9시 반쯤에 입장을 마감하는데, 시작 시간에는 사람이 몰리고 끝날 즈음에는 사람은 적지만 교통이 썩 좋지 않을 가능성이 있다. 중간중간에 충분히 쉬어도 매일 아침 일찍 나가고 밤늦게 들어오게 되어 있다. 체력이 뒷받침되지 않는다면 제발 낮에는 좀 쉬자. 낮 시간 이동은 편하지만, 사람이 정말 많다. 달리 표현할 말이 없다.

이런 상황이다 보니, 라이트업은 가능한 멀리 가지 않는 편이 좋다. 교토는 도심지를 조금만 벗어나도 오후 4시가 지나면 버스가 한 시간에 한 대 꼴로 다니는 경우가 드물지 않다. 버스정류장에 가로등이 없을 때도 있다. 욕심부리다 추위에 떨면서 하염없이 버스를 기다린 시간들을 다 모으면 달에 도착할 수 있을 정도다. 가능한 숙소 근처에서 라이트업을 구경할 수 있도록 동선을 염두에 두고 숙소 잡기를 권한다.

벚꽃 명소인 마루야마 공원은 밤에 가야 진정한 일본식 꽃놀이인 하나미의 진수를 볼 수 있다. 기온의 큰길을 걸어 야사카진자八坂神社를 통과하면 마루야마 공원으로 갈 수 있다. 이 길에는 1년 내내 노점들이 늘어서 있는데, 벚꽃 철에는 이 구간을 지난 뒤에도 여기저기 노점이 자리 잡은 모습을 볼 수 있다. 그리고 엄청나게 시끄럽다. 겨울이 끝나고 밖에서 술을 마실 수 있음을 온몸으로 확인하는 걸까? '일본 사람은 조용조용해'라는 생각을 갖고 있었다면 그 편견을 깰 좋은 기회다. 모두가 소리를 지른다! 서로의 말을 듣고 있는지도 잘 모르겠다! 모두 만취했으니까!

어찌됐든 '요괴들이 아니고서야 이렇게까지 다른 모습의 사람들이 일본인일 리가 없어'라는 생각이 들 즈음…… 정면을 바라보니, 거대한 벚나무가 '두둥' 하고 조명을 받고 서 있었다. 여기에도 오래된 시다레자쿠라가 있는데, 벚꽃이 어느 정도 진 뒤에도 그 위용이 압도적이다. 고다이지의 벚나무가 교향곡이라면 이쪽은 오페라라고 해야 하나. 오래 묵은 벚나무가 만개했을 때 풍기는 특유의 요사스러운 멋이…… 있다고 치기에는, 여기저기서 찰칵찰칵. 이 벚나무의 대단한 점이라면 공원 한복판에 있어서 사방에서 사진을 찍을 수 있고, 한밤중에 막 찍어도 잘 나올 정도로 조명이 환하게 설치되어 있다는 것이다.

꽃놀이 시즌에는 10대, 20대 커플들, 삼삼오오 무리 지은 친구들의 엄청난 공세를 경험할 수 있는데, 보고만 있어도 정말 좋다. 이런 말을 하는 나 자신이 할머니 같아 견딜 수 없지만, 보기 좋은걸. 여름철 불꽃놀이나 기온마쓰리 때도 비슷한 기분이 되어 할머니 미소를 만면에 띠고 인파 속을 걸어 다닌다. 좀 미친 사람처럼 보일지도 모르겠다.

　　망상을 시작한 나는 만화 《너에게 닿기를》을 떠올린다. 변변한 스킨십은 고사하고 이 마음이 '너에게 닿기를' 간절히 빌며 그저 친절하게, 다정하게 곁에 있어주려고 애쓰는 연애. 《너에게 닿기를》을 보면서 혼자 낄낄거리고, 얼굴 붉히고, 꺅꺅거리다 보니 하나둘씩 생각이 난다. 내 청춘이라고 없던 일을 부풀려 회상하거나 있던 일을 축소해서 기억의 가장 구석 자리에 처박아두기도 했지만, 그때만 가능했던 두근거림…….연애라면 산전수전 다 겪었다는 어른에게도 볼을 붉히게 하는 추억 한둘은 있지 않은가. 오지랖 넓게 도와주지 못해 안달 난 친구들과 눈치 없게 끼어드는 부모님과 어김없이 돌아오던 방학과 밥이 타도록 뜸만 들이던 연애.

　　여러분 좋은 연애 하세요. 할머니는 즐거웠어요. (웃음)

✳✳ **다혜's PICK**

철학의 길 근처에는 카레 우동으로 유명한 히노데우동(日の出うどん)과 고풍스런 건물의 내관에 맛있는 차와 디저트를 갖춘 카페 고스펠(Gospel)이

있다. 하지만 철학의 길과는 또 애매하게 떨어져 있어서 걸을 때는 걷기만 하게 된다.

ⓐ 카페 고스펠: JR교토역 D정류장에서 시내버스 100번 탑승 후 긴카쿠치마에(銀閣寺前) 정류장에서 하차, 도보 8분 · JR교토역 A정류장에서 시내버스 5번 또는 17번 탑승 후 조도지(浄土寺) 정류장에서 하차, 도보 8분 / 영업시간 12:00~18:00, 화요일 휴무, 음료 600~800엔 · 디저트 500~700엔 · 식사류 900~1,400엔

ⓘ * 철학의 길

1. 긴카쿠지에서 시작하는 길: JR교토역 D정류장에서 시내버스 100번 탑승 후 긴카쿠치마에(銀閣寺前) 정류장에서 하차, 도보 2분 · JR교토역 A정류장에서 시내버스 5번 또는 17번 탑승 후 긴카쿠지미치(銀閣寺道) 정류장에서 하차, 도보 5분

2. 난젠지에서 시작하는 길: JR교토역 A정류장에서 시내버스 5번 탑승 후 난젠지 · 에이칸도미치(南禅寺 · 永観堂道) 정류장에서 하차, 도보 8분

ⓘ * 마루야마 공원

JR교토역 D정류장에서 시내버스 86번 또는 100, 106, 110, 206번 탑승 후 기온(祇園) 정류장에서 하차, 도보 5분

✱ ✽ ✱ ✽ ✱ ✽ ✱ ✽ ✱ ✽ ✱ ✽ ✱ ✽ ✱ ✽ ✱ ✽ ✱ ✽ ✱ ✽ ✱ ✽ ✱ ✽ ✱ ✽ ✱

문득, 밤 벚꽃 놀이를 즐기는 사람들이 벚나무 아래 모여 요란하게 떠들며 술을 마시는 이유가, 아마도 두려움을 쫓기 위해서이지 않을까 하고 생각해본다. 일본에서는 '벚나무 아래에 시체가 있다'는 말을 농담처럼 하기도 하고 만화나 소설에도 종종 사용하는데, 벚나무의 모습 때문이지 싶다.

벚나무는 잎을 틔우지 않은 상태에서 꽃을 먼저 피운다. 가지는 죽은 듯 검은데 갑자기 희거나 분홍빛인 꽃이 요란하게 핀다. 어젯밤엔 조용하다가 오늘 갑자기 만개한 벚꽃을 보면 꽃 피는 소리가 들리는 듯하다. 꽃 피는 소리로 따지면 자주 입에 오르내리는 건 연꽃이지만, 벚꽃은 시각적으로 소리가 느껴진달까. 특히 밤에 보면 흰 꽃무리가 마치 유령처럼 보이기도 해서, 옛사람들은 죽은 듯한 검은 줄기에서 흰 꽃이 아우성치며 피어난 모습을 보고 '그 아래 시체라도(!)'라고 상상한 것 아닐까? 아님 말고.

✱ ✽ 고다이지, 마루야마 공원 외에 또 다른 밤 벚꽃 명소는?

숙소가 교토역 부근이라면 근처의 딱 좋은 라이트업 장소는 바로 도지(東寺)다. 낮에 꽃구경이나 단풍 구경을 하다가, 문득 이곳에 밤에 오면 어떨까? 하는 궁금증이 든다면 주변을 살펴라. 만약 그곳에 연못이 있다면 높은 확률로 밤에도 멋진 풍경을 볼 수 있을 테니까.

라이트업 중에는 검게 빛나는 연못의 물에 마치 벚나무가 (가을에는 단풍이) 그림처럼 비친다. 도지는 정원과 절 규모가 큰 편이어서 벚꽃이 꽤 많다. 분위기 있는 밤 산책을 원한다면 마루야마 공원보다는 도지가 더 어울린다.

✱✲ 밤 벚꽃 구경을 위한 최적의 숙소는?

나는 거의 무조건이라고 해도 좋을 정도로 기온, 산조(三条)역, 교토 시청, 시조가와라마치(四条河原町), 시조가라스마(四条烏丸)를 추천한다. 특히 시조가와라마치에서 가까울수록 좋다는 쪽인데, 산이나 강을 끼고 있는 료칸처럼 고가의 숙소를 잡는 경우가 아니라 10만 원 안팎의 비즈니스호텔을 이용할 계획이라면 특히 그렇다.

시조가와라마치는 일단 기요미즈데라와 고다이지 정도는 걸어서 능히 커버가 가능해 새벽이나 밤늦게까지 놀기 좋다. 게다가 기온의 밤을 보기에도 좋다. 밤늦게까지 여는 술집이 많은 본토초(先斗町)와 가깝고, 가모가와(鴨川)와 니시키 시장(錦市場)도 가깝다. 쇼핑과 관련된 거의 모든 시설이 있고, 거의 모든 지역으로 가는 버스가 있다. (버스 타기 편해서 교토역으로 숙소를 잡겠다면 굳이 말리지는 않겠지만.)

✱✲✱✲✱✲✱✲✱✲✱✲✱✲✱✲✱✲✱✲✱✲✱

● 애매하게 늦은 벚꽃철에 **

료안지, 그곳엔 바다가 있다

만발한 벚꽃나무 숲속의 비밀은
지금껏 아무도 모릅니다.
어쩌면 '고독'이라는 것이었는지도 모릅니다.
— 사카쿠치 안고, 《활짝 핀 벚꽃나무 아래에서》(웅진닷컴) 중에서

교토를 사계절 동안 즐기는 교토인들의 이벤트는 여럿 있는데, 봄의 꽃놀이, 여름의 기온마쓰리와 불꽃놀이, 가을의 단풍, 겨울의 추위 등이다. (계절별 보기 중에서 어느 하나가 이상해 보인다면 그것은 당신의 기분 탓이다.) 그중 내가 가장여러 번 참여한 것이 바로 꽃놀이다.

봄의 꽃놀이는 동백과 매화에서 시작해 봄 내내, 그리고 여름까지 색을 갈아입으며 줄기차게 이어진다. 교토에 꽃이 없는 계절은 존재하지 않는다. 심지어 5월쯤 되면 마루야마 공원에 겹벚꽃이 지천이다. 오동통한 분홍 꽃잎이 겹쳐진

꽃봉우리가 마치 열매처럼 매달린 나무를 보고 있자면, 도저히 그 자리를 떠날 수 없다. 한국에서도 비슷한 시기(전주국제영화제 시작 즈음)에 전주 전동성당에 가면 이렇게 아름답게 핀 겹벚꽃을 볼 수 있다.

벚꽃놀이가 가장 인기 많은 꽃놀이임은 분명하다. 그리고 타이밍을 맞추기도 가장 어려운 꽃놀이임이 분명하다. 일본에서는 3월쯤 벚꽃의 개화 시기를 알려주는 벚꽃 지도가 뉴스를 통해 공개되는데, 이 지도를 믿었다가 낭패를 본 일이 적지 않다. 갑자기 날씨가 더워지면 일찍 만개해버리고, 비가 한번 내리면 순식간에 지며, 춥고 더운 날씨가 반복되면 이파리와 꽃이 동시에 돋아 어수선하다. (이것 역시 인간의 관점에서 하는 어리석은 말일 뿐이겠으나, 기대와 다른 광경에 마음이 에는 걸 막을 순 없다.) 만약 벚꽃보다 일찍 교토에 도착했다면 그 일은 따로 손쓸 도리가 없으나 간발의 차이로 늦어 놓친 거라면, 내가 권하고 싶은 곳은 료안지龍安寺다.

료안지로 말하자면 들어서는 초입부터 넓은 연못 등 볼거리가 다양하다. 특히 벚꽃철의 료안지는 품종과 농담이 각기 다른 분홍의 벚나무가 장관을 이루어낸다. 봄볕에 어울리는 분홍 하늘 아래 서는 꿈 같은 경험도 할 수 있다.

벚나무가 있는 정원 쪽에 들어서면 잠시 정신을 잃은 것 같은 순간이 여러 번 오는데, 사진을 찍다가도 내가 몇 번이나 찍었는지 아득해질 정도다. 여정을 마치기 전, 문 여는 시간에 맞춰 한 번 더 방문한 적도 있다. 마루야마 공원의 벚꽃이 어느 정도 졌을 무렵에도 료안지의 벚꽃은 한창이었으니, 한번 들러볼 만하다. 게다가 벚꽃이 이미 진 후라도 계절을 타지 않고 즐길 수 있는 그 유명한 정원 가레산스이枯山水도 있으니.

작정하는 방식의 특성상 정원을 완성하는 것은 자연 그 자체, 특히 계절이다. 일본 정원의 작정 철학은 자연을 인공적으로 조성하는 데 있다. 나무를 둥글게 깎아 모양을 다듬거나 뒷배경을 차단해 정원을 좀 더 통제 안에 둔다. 키 큰 나무들을 병풍처럼 둘러 세우는 경우도 많다. 한편 중국은 자연에 근본을 두되 자연보다 나은 형태를 만들고자高于自然 하고, 한국은 담양 소쇄원처럼 지형을 살려 정원을 조성하고 건물을 올린다. 이것을 인지제의因地制宜라고 한다.

연못이나 흐르는 물 없이 돌과 모래로 산수를 표현한

가레산스이는 때에 따라 색을 바꿔 입는다. 벚꽃철에 가면 정원 담 뒤로 벚나무 몇 그루가 나뭇가지를 떨구고 있는 모습을 볼 수 있다. 무채색의 모래 정원에 어울리는 연한 분홍빛의 꽃망울을 달고. 한편 여름에는 연꽃이 피어 분홍빛 봄과는 또 다른 운치가 있다. 벚꽃처럼 흐드러지게 피지는 않지만, 연잎이 원을 그리며 연못 위를 녹색으로 가득 채운 모습이 장관이다. 연꽃 구경이라면 비가 내릴 때가 가장 좋다. 넓은 연잎에 투둑투둑 빗방울 떨어지는 소리가 들리기 때문이다. (물론 다들 알겠지만 비가 오는 이유는 개구리 소년이 울어서다. 삘리리 개골개골 삘리리리……. 울지 말고 일어나 피리를 불어라…….)

가레산스이의 주재료는 모래처럼 보일 정도로 아주 작은 자갈들이고. 수많은 자갈들 사이사이에는 열다섯 개의 크고 작은 돌이 놓여 있다. 고운 자갈들을 모가 성기고 사람 키만 한 큰 빗자루로 쓸어, 파도 같은 곡선의 무늬를 만든다. 매일 아침 이렇게 빗질을 하는데, 당연한 말이지만 같은 모양을 만들어낼 수 없다. 그러니 오늘 당신이 보는 자갈 정원은 그저 오늘에 속했을 뿐, 내일과 모레 그 어디에도 없다. 돌은 늘 그곳에 있으니 그 또한 자연의 섭리를 반영하는 상징물이리라. 다소간의 이끼는 있으나 물을 쓰지 않는 가레산스이. 하지만 물길처럼 보이도록 자갈밭 모양이 잡혀 있어, 크고 작은 돌들이 전부 섬처럼 보이는 가레산스이. 이것은 '바다'다.

어디서 보아도 자갈 정원에 놓인 열다섯 개의 돌을 한번에 볼 수는 없다. (어떤 지점에 서도 안 보이는 돌이 반드시 있다.) 이러한 점 때문에 가레산스이는 더 신비롭다. 깨달은 자만이 열다섯 개의 돌을 전부 볼 수 있다고 하는데, 나는 깨닫지 못한 인간임을 스스로 잘 알아 굳이 열다섯 개의 돌을 한눈에 보고자 애쓴 적이 없다. 하지만 갈 때마다 돌이 전부 보이는 위치를 찾아보려고 요란하게 몸을 이리저리 움직이는 사람들을 항상 발견하기 마련. 이봐, 그러지 않아야 깨닫는 거라고. 열다섯 개의 돌을 한 번에 보는 게 중요한 게 아니야.

담 너머로 보이는 게 그저 녹색의 나무들뿐이라고 해도 당신은 여기서 자연의 흐름을, 시간을 느낄 수 있다. 툇마루에 앉아 가만히 정원을 보고 있으면 움직임이 느껴진다. 하늘의 움직임이, 구름이, 정원에 그림자를 만들고 움직인다. 어느 날은 강한 바람과 빠른 구름이, 또 어느 날은 약한 바람과

느린 구름이 그림자를 떨군다. 그 광경을 보다가 해가 기울어 당황한 적도 있다. 해가 기울어 빛의 방향이나 세기가 달라지면 크고 작은 돌이 만드는 그림자도 달라진다. 정원에 시간이 그려지는 셈이다. 돌은 모양이 쉽게 바뀌지 않는 자연물이지만, 그 안에는 모든 게 움직이고 있다. 그 뒤로 새가 우짖는 소리가 배경음악처럼 울려 퍼진다.

가레산스이를 이야기할 때면 오즈 야스지로의 영화 〈만춘〉이 떠오른다. 딸을 시집보내는 아버지는 가레산스이를 바라보며 친구와 세상 돌아가는 이야기를 나눈다. 영화 평론가 정성일은 〈만춘〉에 나온 료안지를 《오즈, 만춘 그리고 교토》(북노마드)에서 이렇게 말했다.

딸은 시집을 갈 것이고, 자기는 남을 것이다. 거기에는 슬픔도 없고, 기쁨도 없다. 그저 세상 사는 이야기. 그저 해도 그만 안 해도 그만인 이야기를 둘이서 나눈다. 그저, 라는 이 무시무시한 부사. 이때 이 정원은 이상하게도 세상의 모든 존재에게 거기 있어도 그만 없어도 그만인 채로 지나가는 시간을 잠시 멈춰 서서 바라보게 만든다.

돌처럼 나는 이 세상의 시간 속에 버티어 서 있다고 생각하다가도, 또 잠시 후에는 그저 저기 수없는 하얀 자갈처럼 언젠가는 시간 속에서 모래처럼 더 잘디잘게 부서진 다음 바람결에 어디론가 달아나버릴 것만 같다. 아니, 결국은 그렇게 먼지가 될 것이다. 이 정원은 무엇보다도 잔인하다. 여기에 와서 오즈는 죽어가는 시간을 찍고 있었다.

언제나 이 봄, 이 여름, 이 가을, 이 겨울은 마지막일 수 있다. 옆에 있는 사람도 마찬가지다. 언젠가 여름방학이 끝날 때, "여름방학이 얼른 다시 오면 좋겠다"고 하자, 아버지는 내게 "그래도 이 여름방학은 다시 돌아오지 않는다"고 했다. 당시에는 그 뜻을 이해하지 못했지만 이제는 안다. 그 말을 한 아버지는 이제 세상에 없다. 한번 지나간 여름방학은 다시 돌아오지 않는다.

✵ ✳ **다혜's PICK**

간발의 차이로 꽃구경을 놓쳤을 때 권하고 싶은 또 다른 명소는 닌나지(仁和

寺)이다. 닌나지에는 키 작은 흰 벚나무들을 심은 거대한 벚꽃 정원이 있다. 늦게 피는 종이라서 시내에 남은 벚꽃이 없어도 여기는 만개인 경우가 많다. 닌나지에선 아담하고 탐스러운 벚나무를 실컷 볼 수 있다. 물론 여기도 돈을 내고 들어가는 구역이 있지만, 무료로 관람 가능한 다른 곳에도 벚꽃은 충분하다. 꽃 피는 계절의 아수라장은 어디랄 것 없으나, 여기는 사진 찍기가 좋아서인지 아니면 만개한 곳이 여기밖에 남지 않아서인지 주말 낮에는 나쁜 꿈을 꾸는 것처럼 사람이 많다. 불평은 했지만 나도 그중 한 사람이었고, 사실 즐겁게 관람했다. 종이 다르니 보는 맛도 다르다.

ⓘ ✻ **료안지**

JR교토역 B정류장에서 시내버스 50번 또는 205번 탑승 후 리츠메이칸 다이가쿠마에(立命館大学前) 정류장에서 하차, 도보 7분
ⓐ 입장 시간 3~11월 08:00~17:00 · 12~2월 08:30~16:30, 연중무휴, 입장료 500엔, www.ryoanji.jp

ⓘ ✻ **닌나지**

JR교토역 D정류장에서 시내버스 26번 탑승 후 오무로닌나지(御室仁和寺) 정류장에서 하차, 도보 4분 / JR교토역에서 시내버스 4번 또는 5, 17, 86, 104, 106, 205번 탑승 후 시조가와라마치(四条河原町) 정류장에서 하차, 10번 또는 59번 버스로 환승 후 오무로닌나지(御室仁和寺) 정류장에서 하차, 도보 4분
ⓐ 입장 시간 3~11월 09:00~17:00 · 12~2월 09:00~16:30(30분 전에 입장 마감), 연중무휴, 입장료 경내 무료(단, 벚꽃 개화 시기에는 유료 입장) · 고덴(御殿)과 레이호칸(霊宝館) 각 500엔, www.ryoanji.jp

요시노에 사쿠라가 만개했습니다 **

그리운 사람을 만날 것 같은 곳

아, 이거! 이거!
이 말만 되풀이한
벚꽃 핀 요시노산
— 데이시스

벚꽃을 보러 꼭 교토에 갈 필요는 없다. 일본 어딜 가도, 그 동네만의 벚꽃 명소가 있기 때문이다. 농담이 아니다. 꼭 교토에 갈 필요는 없다. 사실 일본 전국을 통틀어 벚꽃이라면 여기 아닌가 싶은 곳은 교토가 아닌 나라奈良의 요시노산吉野山이다. 심지어 "요시노에 사쿠라가 만개했습니다"라는 문장이 있을 정도다. 두말이 필요 없다. '요시노에 사쿠라가 만개했다.' 그것 말고 무슨 말이 더 필요한가.

　　본래 산악신앙과 불교, 도교가 섞인 종교인 슈겐도의 총본산으로, 봄밤에 부옇게 빛나는 숲이 때로는 귀기 어린 인상을 주기도 하는 요시노산에는 3만 그루의 벚나무가 심어져 있어, 그냥 산 전체가 벚꽃이라 해도 과언이 아니다. 산 전체가 빛을 받고 따뜻해지는 순서로 꽃을 피워 4월 내내 어딘가에서는 꽃이 피고 있다.

나라를 무대로 한 온다 리쿠의 소설 《몽위》는 바로 이 요시노산의 벚꽃을 중요한 배경으로 이용한다. 소설의 무대는 '몽찰'이라는 기술이 있는 가상의 세상이다. 이 세상에서는 타인의 꿈을 관찰해서 기계로 뽑아내고, 뽑아낸 꿈을 맥이라는 해독 기기로 분석해 사람들과의 상담에 사용한다. 주인공 히로아키는 바로 이 꿈을 해석하는 '꿈 해석사'이다. 어느 날 한 초등학교에서 학급 학생 전체가 집단으로 악몽을 꾸는 일이 벌어지고, 아이들의 몽찰을 보던 히로아키 자신도 꿈에 시달린다. 히로아키는 '몽찰 멀미'라고 불리는, 꿈과 현실의 경계가 흐려지는 현상을 경험하면서 꿈에서 본 나라 지역으로 향한다.

명승지만큼이나 많은 사슴으로도 유명한 나라 지역 최고의 여행서는 언제나 온다 리쿠의 손끝에서 나온다. 이야기는 나라의 구석구석을 돌며 신비로움을 더한다. 벚꽃 만발한

산속 작은 절에서 일어나는 오싹하고도 신비로운 기적 같은 일, 판타지가 이루어질 것 같은 스펙타클이 요시노산에 있다. 꿈과 현실의 경계가 흐려지기에 이만큼 어울리는 곳은 또 없으리라. 즉, 온다 리쿠가 표현하는 노스탤지어는 실재하는 곳에서 시작해 실존하지 않는 것들을 불러내는 것으로 완성된다. 다른 곳이라면 몰라도 요시노산에서라면, '그러한' 일이 일어나도 이상하지 않다. 그리운 사람을 만날 것 같은 곳이다…….

역사에 남을 정도로 요란한 벚꽃 놀이가 벌어진 곳 역시 요시노산이다. 1594년, 히데요시는 다이묘(각 지방의 영토를 다스리고 권력을 행사했던 유력자) 계급 아래의 사람들 5천 명을 모아 '요시노산 벚꽃 놀이'를 열었다. (화려함을 좋아하는 히데요시가 임진왜란 당시 조선으로 출병한 병사들을 위해 연 연회였다는 이야기도 있다.) 후계자 히데요리가 태어났을 땐, 교토 다이고지醍醐寺에서 다이묘의 아내와 시녀 등 여성만을 초대해 1천 3백여 명이 벚꽃 놀이를 즐겼다고도 알려져 있다. 여기서 히데요시는 "이처럼 아름다운 벚꽃은 몇 년이고 봄이 돌아와도 질리지 않을 것이다. 나의 영화도 이 벚

꽃의 아름다움처럼 영원히 계속될 것이다"라는 말을 했다고
한다. 그리고 두 달 뒤 히데요시는 병으로 사망했다.

ⓘ ＊ **요시노산**

JR교토역에서 긴테쓰 특급을 타고 요시노역까지 가서(1시간 45분 소요) 케
이블카를 타거나 도보로 가는 방법이 있다. 벚꽃 철에는 나라 지역의 게스트
하우스에서 팀을 짜 움직이거나 긴테츠 나라역 근처에서 전세버스 운행 여부
를 알아볼 수도 있다.

장마철의 즐거움 *

수국의 계절

내 별은 어디서 한뎃잠 자나 여름 은하수

— 고바야시 잇사

장마철에는 여행을 피하는 편이다. 신발 신기가 영 쉽지 않아서. 운동화는 금방 젖고, 샌들은 신고 다니다 감기로 몇 번 고생한 터라 그렇게 됐다. 그러다가 장마철에도 여행을 다닐 만하다고 생각하게 된 연유는 수국 보는 즐거움에 눈을 뜬 데 있다. 수국은 장마철의 꽃이다. 물이 많은 고장, 물이 많은 계절에 촉촉하게 피어난다. 건조한 날이 이어지면 수국은 그 빛이 바랜다.

일본의 6월은 어딜 가나 수국이 많다. 만약 6월 중순에 일본을 방문했고 호텔방 창밖의 비 내리는 풍경에 우울해졌다면, 그 지역의 수국으로 유명한 곳을 검색해보면 어떨까. 그 시기에만 볼 수 있는 풍경이 있다. (참고로 제주도에서도

시야 그득한 수국을 볼 수 있다. 그러니 장마철에도 집 밖으로…….)

어쨌거나 6월의 교토에 있다면 가야 할 곳이 있으니, 바로 미무로토지三室戸寺다. 미무로토지는 녹차와 뵤도인平等院으로도 유명한 우지宇治에 있어서 하루 코스로 방문해도 좋다. 하지만 장마철의 짧은 방문이라면 그냥 미무로토지만으로 한나절 일정을 소화해도 충분하다. 오가는 수고를 생각해도 전혀 아깝지 않을 만큼의 가치가 있다.

미무로토지는 한 해의 반 이상이 꽃으로 그득하다. 먼저 이른 봄에는 철쭉이 언덕 가득 피어난다. 4~5월에는 석남화가 1천 그루, 5월에는 다른 종의 철쭉이 2만 그루 가득 핀다. 계절이 바뀌는 6월에는 수국 1만 그루가 차례로 만개해 '초여름의 정원'이라 할 만한 라인업을 자랑한다. 6월 말에서 7월 중이라면 미무로토지에서 연꽃이 피기 시작해 여름의 끝인 7월부터 8월까지 본당 앞에 백 종류가 넘는 연꽃이 개화한다.

그렇다. 미무로토지의 굉장함은 단순히 꽃나무가 많다는 규모에 있지 않고, 그 종의 다양함에 있다. 눈으로 본 것을 다 담을 수 없을 지경이다. 당신이 본 그 어떤 사진보다도 멋진, 그 이상의 풍경을 만날 수 있다. 그중에서도 미무로토지를 방문하기에 특별히 더 좋은 날이 있다. 바로 비오는 날. 빗속의 수국은 색이 훨씬 진하다. 그리고 사람이 적다. (나도 사람인 주제에……)

수국을 보고 돌아오는 길에 운동화 속 퉁퉁 부은 발가락을 꼼지락거린다. 언젠가 젖은 발을 방치해서 감기에 걸린 적이 있다. 감기에 걸려도 앓고 말지 뭐! 하고 호언장담하던 때의 내가 있었는데, 이제는 스쳐가는 바람에도 옷깃을 여미며 귀가를 서두른다. 장마철의 즐거움에는 리스크가 있다. 개도 안 걸리는 여름 감기라는.

몸이 허락하는 한에서만 경험하고 손 닿는 한에서만 이해하면서, 결국은 아무것도 배우지 못한 채로 또 한 계절을 살아낸다. 아, 또 운동화가 젖었다. 수국의 계절은 이렇다. 그래도 아주 좋은 것이다.

비를 좋아하는 수국의 특성 때문인지 수국 구경을 다닐 때는 가족 관람객을 보기 드문 편이다. 장마철의 드물게 맑은 날은 아이들 편이고, 팔각형 모양으로 지천을 뛰어다니는 아이 이름을 부르는 부모들은 맑은 날씨와 궂은 날씨 중 어느 쪽을 좋아하는지 모르겠는 표정이 되어 있다. 남의 아이는 예쁘다. 저렇게 부드러운 뺨을 가진 아이는 어른이 되어 연애 상대를 괴롭히는 존재가 되고, 배우자를 못살게 구는 사람이 된다. 혹은 혼자가 제일 좋은 어른이 될지도 모른다. 어느 쪽의 인간이 되든, 모든 게 바른 자리에 놓여 있는 것 같은 날에는, 젖은 운동화를 신고 걷는 일조차 '아주 좋다' 싶어지는 것이다. 내리는 이 비가 아주 좋다고 말한 날이 있음을 나중에 꼭 기억해야지.

① ✼ **미무로토지**

JR교토역에서 긴테쓰 특급(近鉄特急)열차를 타고 긴테쓰단바바시(近鉄丹波橋)역에서 하차, 단바바시(丹波橋)역으로 이동해서 게이한 본선(京阪本線) 탑승 후 주쇼지마(中書島)역에서 하차, 게이한 우지선(京阪宇治) 환승 후 미무로도(三室戸)역에서 하차, 도보 16분(수국 철에는 JR우지역에서 한시적으로 셔틀 버스 운행)

@ 입장 시간 4~10월 08:30~16:30 · 11~3월 08:30~16:00(각 30분 전에 입장 마감), 12월 29~31일 휴무, 입장료 500엔(단, 수국 정원 개방 · 라이트 업 시기에는 800엔), www.mimurotoji.com

가을에는 단풍의 에이칸도 **

난젠지와 공간을 가득 채운 고요

교토에는 아직
푸르른 녹음이
무성했는데
단풍이 지는구나
시라카와 관문
— 미나모토 요리마사

승려 에이칸이 일과 중에 염불을 외며 행도(교도라고 발음하며, 불경을 외우면서 본존과 탑 주위를 걷는 수행방식) 중이던 때 갑자기 아미타님이 단상에서 내려와 에이칸의 행도를 이끌기 시작했다. 에이칸이 놀라 걸음을 멈추자 아미타님은 돌아보며 "에이칸, 늦는구나"라고 하고 다시는 움직이지 않았다. 에이칸 율사가 도다이지東大寺에서 아미타여래를 모셔와 에이칸도永観堂라는 애칭으로 불리게 되었으며, 본래 이름은 젠린지禪林寺다.

　　이러한 전승을 지닌, 뒤돌아보는 아미타여래상이 본존인 에이칸도는 여러 회랑으로 연결되어 있다. 아미타여래상은 정확히는 왼쪽 뒤를 돌아보는 모습을 하고 있는데, 드문 형태이기 때문에 에이칸도의 상징과도 같다. 히가시야마 산기슭의 에이칸도가 이름 높은 이유라면 단풍과 관계가 있다.

　　에이칸도는 단풍철이 되면 일본을 대표하는 절경을 자랑한다. 그렇게 들었을 때는 별 감흥이 없었는데, 실제로 보니 말을 잃을 정도였다. 에이칸도의 단풍놀이는 산부터 연못까지 수직으로 펼쳐지는 멋이 있다. 오르락내리락하며 관람해야 하는 수고로움에도 단풍철에는 이만한 호사가 없다 싶을 정도다. 서로 연결된 회랑을 따라 돌다 보면 때로는 창문으로, 때로는 회랑 너머로 다른 각도의 단풍을 볼 수 있다.

　　그리고 마지막으로 아미타당에 올라 아미타여래상을 보게 된다. 물결처럼 흐르는 듯 표현된 옷자락이 눈길을 끈다. 유홍준의 《나의 문화유산답사기 일본편4: 교토의 명소》에는 "아미타여래가 극락으로 돌아가면서 중생들이 잘 따라오나 걱정되어 뒤를 돌아보는 모습이다"라고 되어 있다.

입구에서부터 이미 사진 찍는 사람들로 만원이지만 안으로 들어서면 다시 나가고 싶지 않게 되는 에이칸도. 단풍철에는 당연히 야간 배관을 한다. 전차가 다녀 교통편이 좋은 난젠지와 가까워 사람이 더 몰릴 수밖에 없다.

난젠지 역시 교토에서 놓치기 아까운 곳이다. 유럽 어딘가에 온 듯한 수로각도 멋지지만, 난젠지의 산몬三門 근처에 있는 작은 말사들 역시 유료배관을 실시하는 곳답게 잘 꾸민 정원을 가지고 있다. 참고로 이 수로각은 비와호琵琶湖 물을 교토로 끌어오는 곳으로, 로마 수도교를 참고해 만들었다고 한다. 비와호에서 끌어온 물로 이 근처의 무린안無鄰菴도 정원에 물길을 낼 수 있었다.

수이메이水明, 즉 맑은 물이 햇빛에 비쳐 뚜렷이 보인다는 교토는 물이 좋고 풍부해서 두부로 유명하다. 난젠지 앞에는 그 유명한 두부 요릿집 준세이順正가 있는데, 두부만큼이나 정원이 기억에 남는 곳이다. 식사를 마치고 정원 구경을 하는 일이 큰 즐거움이다. 비라도 오는 날엔 정원을 보고 영영 앉아 있고 싶을 정도다.

두부 요리라고 하면 한국에서는 강릉에서 먹는 초당순

두부를 떠올릴지도 모르겠는데, 교토의 두부 요릿집에서는 두부를 여러 종류로 요리한 코스가 나온다. 그중 메인 요리라고 할 수 있는 것은 네모나게 자른 두부를 더운물에 데쳐 먹는 유도후다.

언젠가 교토에 사는 주부에게 '일본에서는 생두부도 많이 먹더라'는 이야기를 했더니, 일본에는 생두부라는 개념 자체가 없단다. 두부 자체를 이미 요리한 음식으로 보기 때문이다. 두부를 따로 조리하지 않고 그냥 먹는다 해도 달게 해서 디저트로 먹는 중국식 안닌도후나 데워 먹는 유도후처럼 그냥 조리법의 하나일 뿐이다. 일본식 두부 요리 문화에 대한 설명을 듣고 나도 질세라, 말을 늘어놓았다. 한국에서는 익히지 않은 두부를 '날두부'라고 따로 표현하는데 그 상태로는 잘 먹지 않으며, 교도소에서 출소할 때 다시 들어가지 말라는 뜻으로 먹게 한다고 알려주었다. 지금 생각하면 맛집 정보도 아니고 왜 그랬는지…….

앞서 설명한 유홍준의 책은 난젠지에 대해 자세히 설명한다. 무로마치시대에 난젠지는 10만 평의 부지에 수십 개의 탑두를 거느린 대찰이었으나 오닌의 난 등 세 번에 걸친 큰

화재로 괴멸에 가까운 타격을 입었다. 도요토미 히데요시와 복구 명령과 뒤이은 도쿠가와 이에야스의 지원으로 1606년에 복원되어, 지금 우리가 보는 난젠지의 건축과 정원은 대개 아쓰치모모야마 시대의 유산이라는 설명이다.

난젠지의 산몬은 위층을 개방해서, 신발을 벗고 산몬 위에서 아래를 관람할 수 있게 되어 있다. 난젠지 산몬은 지온인, 닌나지의 산몬과 더불어 교토의 3대 문 하나로 꼽힌다고 하는데, 가부키 〈산몬고산노키리〉에서 이시카와 고에몬이라는 대도적이 이 산몬에 올라 "절경이구나, 절경이구나"를 연발했다는 이야기가 있다. 유홍준의 책에는 실존인물인 고에몬이 처형될 때 끓는 기름 가마 속에 집어넣어졌다는 사실까지 친절하게 나온다.

난젠지의 가장 유명한 장소라면 바로 호조정원方丈庭園이다. 일본의 유명한 작정가인 고보리엔슈가 만든 호조정원은 흰 기와담장 가에 선 소나무, 동백나무, 벚나무, 단풍나무가 계절에 따라 풍경을 바꾼다. 자갈 정원이 바다처럼 펼쳐져 있고, 그 뒤로 이끼와 큰 돌이 배치되어 있다. 호랑이 새끼가 물을 건너는 모습을 형상화했다는 해석이 난젠지 공식 설명이다.

단풍철에는 여기도 사람이 많은데, 비수기의 난젠지 호조정원 구경에 빠질 수 없는 건 시시오도시 소리다. 시시오도시는 원래 사슴의 침입을 막기 위해 탄생한 물건으로, 대나무통에 물을 흘려보내 통이 가득 차면 '통!' 하는 큰 소리가 몇 분 꼴로 반복되도록 만들어졌다.

시센도詩仙堂에도 있고 이곳 난젠지에도 있는데, 사슴이라니 귀여워서 쫓지 않았으면 싶지만(어리석은 관광객의 헛소리다, 이해해달라) 한겨울에 이 소리를 듣고 있으면 크게 울리는 시시오도시 소리가 공간을 가득 채운 고요를 역으로 느끼게 해준다. 소리가 있어서 침묵을 인지하는 셈이다. 천연 짐승 쫓는 장치의 신기함, '통!' 하는 소리의 맑음, 그리고 고요함을 경험해보시길. 순간 모든 것이 사라지는 기분이 든다.

멀리 바라보면

꽃도 단풍도

없어라

해변 움막에는

가을 저물녘

— 후지와라노 데이카

ⓘ ✳ 에이칸도

JR교토역 A정류장에서 시내버스 5번 탑승 후 난젠지·에이칸도미치(南禅寺·永観堂道) 정류장에서 하차, 도보 6분

@ 입장 시간 09:00~17:00(16:00에 입장 마감), 연중무휴, 입장료 600엔, www.eikando.or.jp

ⓘ ✳ 난젠지

JR교토역 A정류장에서 시내버스 5번 탑승 후 난젠지·에이칸도미치 정류장에서 하차, 도보 7분

@ 입장 시간 12~2월 08:40~16:30 · 3~11월 08:40~17:00(각 20분 전에 입장 마감), 12월 28일~31일 휴무, 입장료 호조정원과 산몬 각 500엔 · 난젠인(南禅院) 300엔, www.nanzen.net

2

달밤에 단추를 줍는 기분

** 혼자여도, 섞여도 좋은
교토의 정원과 산책로

6 시센도

가모가와 강

3 가모가와 강변

산조거리

산조역

2 본토초

♦ 기온 시라카와
4 기온 중심부

7 헤이안진구

기온시조역

♦ 조주인
1 기요미즈데라

교토역

교토 외곽

5 오하라
잣코인, 호센인, 산젠인

✳ 교토의 정원, 산책로 명소

1 기요미즈데라

2 본토초

3 가모가와 강변

4 기온 중심부

5 오하라 잣코인, 호센인, 산젠인

6 시센도

7 헤이안진구

소중한 것은 안쪽 깊숙이 있어 *

기요미즈데라와 연애의 신

올해도 살아서

벚꽃을 보고 있습니다.

사람은 한평생

몇 번이나 벚꽃을 볼까요.

— 이바라기 노리코, 《처음 가는 마을》(봄날의책) 중에서

기요미즈데라도 고다이지처럼 소중한 것을 안쪽 깊숙이 품고 있다. 표를 내기 전까지는 그 유명한 부타이舞台를 전혀 볼 수 없는 구조다. (무대라는 뜻의 부타이는 나무로 만들어진 본당의 거대한 테라스다.) '기요미즈의 무대에서 뛰어내릴 각오로'라는 관용구가 있을 정도로 그 위에 서면 떨어질 듯한 느낌에 기분이 아찔하지만, 그 위여야만 사철에 따라 숲의 색이 바뀌는 절경을 맛볼 수 있다.

부타이를 한눈에 볼 수 있는 오쿠노인奧の院으로 이동

해 부타이 사진을 찍고 걸어 내려가면, '맑은 물의 절'이라는 이름에 걸맞은 오토와音羽 폭포를 만날 수 있다. 세 갈래로 나뉘어 떨어지는 물줄기는 각각 장수, 사랑, 학업 운을 상승시킨다고 하는데, 일본인들도 왼쪽부터인지 오른쪽부터인지 헷갈려서 결국은 세 줄기 물을 전부 조금씩 받아 마시게 된다고 한다. (세 물줄기를 전부 탐내는 사람이 많아서인지 그러면 효험이 없다는 도시전설도 들은 적이 있다. 믿거나 말거나다.)

기요미즈데라는 교토 시내 다른 절과 비교하면 거의 종합 선물 세트 같은 곳이다. 일단 입장료가 싸고(400엔, 일반적으로 다른 곳은 500엔 이상이다), 규모가 크며, 연애의 신을 모시는 지슈진자地主神社가 이 안에 있다.

교토는 워낙 수학여행의 도시로 유명하기도 하지만 기요미즈데라가 특히 학생들에게 인기인 이유 중 하나는, 이 지슈진자에 있다. 이곳에는 돌 두 개가 3미터 정도의 간격으로 떨어져 있는데, 하나의 돌에서 다른 돌까지 눈을 감고 걸어 똑바로 도착하면 사랑이 이루어진다는 전설이 있다. 여학생들이 할 때면, 친구들이 곁에서 "오른쪽! 왼쪽!" 하면서 도와주는 광경을 흔히 볼 수 있다. 그렇게 친구의 도움을 받아 다른 돌까지 가는 데 성공하면, 그 연애가 친구의 도움으로 성공한다는 전설도 있는 모양이다. 남학생들이 하는 모습도 볼 수 있지만, 남학생들은 친구가 다른 돌까지 못 가도록 일부러 엉뚱한 방향을 알려주는 경우가 더 많은 것 같다.

아무튼 수학여행 철에 지슈진자를 방문하면, 학생들이 친구들과 깔깔거리며 서로를 의식하는 모습을 볼 수 있다. 친구가 맞은편 돌까지 잘 가든 말든 근처의 다른 학교 학생을 가리키며 속닥거리고, 비명을 지르는 모습을 보고 있으면 나도 따라서 웃게 된다. 학생, 여기서는 사랑을 이루어주는 부적도 팔고 있어.

아아, 할 수만 있다면 아르바이트 삼아 좌판을 깔고 연애운 부적이라도 팔고 싶다. 여기는 그런 열망을 가진 사람들이 모이는 곳이니까. 신사마다 사랑에 용하다는 둥, 학업에 용하다는 둥 하는 미심쩍은 장기를 내세우는 이유는 그래야 부적이든 오미쿠지든 잘 팔리기 때문일 것이다. 죄송합니다. 제가 너무 시니컬했나요. 하지만 뜨악한 사실은, 사랑을 이루어주는 이 신사에 저주할 때 쓰이던 나무가 있다는 점이다. 지슈진자 안쪽에 있는 큰 나무에는 옛날에 박아 넣은 커다란 못 자국이 곳곳에 있어 그로테스크한 느낌을 준다. 사랑과 증오가 한 끗 차이일 수 있다는 사실의 반증이려나.

여하튼 지슈진자에선 연애 부적과 연애 문제만을 다룬 오미쿠지를 판다. 오미쿠지는 길흉을 점치기 위해 신사에서 뽑는 점괘로, 나도 종종 점괘를 뽑는다. 일반 오미쿠지를 뽑을 때면 대길, 중길을 비롯해 '길'이 잘도 나오는데 아니나 다를까, 연애 오미쿠지만 뽑았다 하면 애매한 점괘나 '흉'이 나온다.

언젠가 추석날 보름달이 밝게 떴길래, 동네 책 대여점에 다녀오면서 쓸 만한 연애를! 하고 소원을 빌었는데, 집에 와 펴본 책 속에 뜬금없이 들어 있는 '만 원' 한 장. 신이 '이거 먹고 떨어져'라고 말한 기분이랄까.

그런 내가 지슈진자의 오미쿠지를 여러 번 뽑아봤지만 대체로는 보통 정도가 나왔다. 길도 흉도 아닌 독거인을 위한 애매한 정도의 점괘……. 오미쿠지는 대체로 몇 항목으로 나누어 운을 알려주는데, 지슈진자 오미쿠지의 가장 재미있는 항목은 '기다리는 사람'이라는 항목인 마치비토다. 옛날에는 지금처럼 통신 수단이 발달하지 않았으니까 멀리 떠난 사람을 마냥 기다려야 했을 테고, 그래서 생긴 항목이겠지. 나는 애인을 생각했다. 지슈진자에서 뽑았으니까 당연히 기다리는 사람=애인. 하지만 그날 마치비토 항목에는 재미있고 처량하고 웃기게도 "늦지만, 온다"라고 적혀 있었다. 죽기 전에 오기는 하는 건지……? 사람 말고 돈도 받을 생각 있는데. 일곱 자릿수는 되어야 해.

✳ ✳ **다혜's TIP**

오미쿠지를 뽑은 뒤 어떻게 해야 하는지 헷갈리는 이들을 위한 가이드. 한 번 뽑고 안 좋은 괘가 나오면 묶고, 좋은 괘가 나오면 가져오면 된다. 그리고 좋은 괘가 나올 때까지 절을 옮겨가며 뽑으면 된다. 좋은 운도 만드는 것 아니겠는가. 하지만 거기에는 돈이 든다. 그러니 오미쿠지가 절로서는 쏠쏠한 수입원이 되는 셈.

ⓘ ✳ **기요미즈데라와 지슈진자**

JR교토역 D정류장에서 시내버스 86번 또는 100, 106, 110, 206번 탑승 후 기요미즈미치(淸水道) 정류장에서 하차, 도보 11분
@ 입장 시간 9~6월 06:00~18:00 · 7~8월 06:00~18:30(3월, 4월, 8월, 11월 스페셜 나이트 기간에는 21:00까지 개장하기도 하니 자세한 일자는 사이트 참고), 연중무휴, 입장료 400엔, www.kiyomizudera.or.jp

운이 좋은 당신을 위한 교토의 비밀 정원 *

조주인, 촬영이 금지된 낙원에서

고요했다. 바람도 없고 나무도 흔들리지 않고,

그림 앞에 있는 것 같았다.

— 마스다 미리, 《영원한 외출》(이봄) 중에서

나는 사람 이름과 얼굴을 잘 잊는다. 아마도 관심이 크게 없
어서인 듯하다. 더 좋은 말로 에둘러 표현하고 싶지만, 사람
을 기억하는 방법을 도통 익히지 못하는 까닭은 아무리 생각
해도 내가 그 사람에게 관심이 없어서다. 학교 다닐 때는 반
장이나 부반장이 되는 경우가 아니면 1년이 지나 새 학년이
될 때까지 같은 반 급우들의 이름을 다 외우지 못했다. 어쩌
면 병이었을지도 모른다. 지금 와서 하는 말이지만. (사실 새
로운 사람을 만나 친해지기까지가 무척 어렵다. 아직까지도.)

교토에 몇 번째 갔을 때였더라, 일본 전통 주택을 개조
한 숙박업소에서 열흘을 묵었다. (나중에는 그 숙소 주인과

친해져서 다섯 번째쯤 방문했을 때는 같이 노래방도 가고 초밥집도 갔다.) 여하튼 그 숙소에 처음 갔을 때 일이다. 방이 세 개뿐인 숙소에는 노령의 주인장과 중년의 여성 종업원이 있었고, 내가 방문한 때는 비수기라 손님이 없어 거의 절반 이상을 혼자 지냈다.

머무는 내내 나는 입을 떼는 일이 거의 없었는데, 매일 저녁 숙소에서 목욕할 때 목욕 시간을 체크하는 종업원 아주머니의 부름에 대꾸하는 게 전부였다. 그러다 마지막 날이 되어서야 (계기는 기억도 나지 않는데) 셋이 부엌에 둘러앉아 술을 한잔하게 되었고, 그간 두 사람이 나를 '조용한 이씨'라고 불렀음을 알게 되었다. 조용한 이씨……. 공포영화에 나오는 산장 주인 같지 않은가? 마음에 든다.

교토를 왜 좋아하느냐 묻는다면, '도시가 그렇게 살가운 느낌이 들지 않아서'라는 이유도 있다. 갈 곳은 많지만 알고 보면 다니기 보통 까다로운 게 아니다. 대개 숙소를 교토역이나 기온 근처의 도심에 잡기는 하지만 유명하다는 절이나 정원을 보기 위해서는 버스나 전차를 타고 꽤 가야만 한다. 슈가쿠인리큐修学院離宮나 가쓰라리큐桂離宮처럼 예약하지 않으면 아예 입장이 금지된 곳도 있다. 게다가 교토의 명소는 어느 계절에 가느냐에 따라 천차만별의 인상을 준다. 아예 다른 도시라고 해도 믿을 정도다.

초행인 사람을 위해 교토에서 방문해야 할 장소 백 곳을 꼽아도, 열 곳을 꼽아도, 단 한 곳을 꼽아도 권할 만한 기요미즈데라와 그 일대는 놀이동산 수준으로 여기저기 갈 곳이 많다. 봄, 여름, 가을, 겨울 모두 장관을 선사하는 고다이지, 고다이지에서 이어지는 네네노미치의 인력거꾼들, 기요미즈데라로 향하는 언덕길인 니넨자카二年坂와 산넨자카三年坂마저도 양옆에 늘어선 가게들이 발걸음을 붙잡는다. 있는 줄도 몰랐던 기요미즈데라의 말사(큰 절의 관리를 받거나 갈라져 떨어져 나온 작은 절) 조주인成就院을 찾게 된 것은 어느 겨울의 일이었다. 어느 날 아침, 산책 삼아 기요미즈데라에 갔는데 정문 바로 앞의 계단에 못 보던 사진과 표지판이 있었다.

조주인 특별 배관 特別拜觀

여기서 잠깐. 당신이 어느 절을 갔는데, '특별 배관'이라는 네 글자를 맞닥뜨렸다면 운이 좋은 날이다. '배관'은 사찰이나 궁, 보물 등을 공경하는 마음으로 관람한다는 의미이다. 그 앞에 '특별'이 붙었으니 플러스알파가 있다는 뜻이다. 즉, 통상 문을 열지 않는 귀한 장소나 시간에 관람이 가능하다는 것을 알리는 말이다. 벚꽃 철이나 단풍철에 라이트업을 하는 절에는 저렇게 '특별 배관' 안내가 붙어 있는 걸 볼수 있다. '특별 공개'도 당연히 같은 뜻이다.

조주인은 평상시에는 공개되지 않는 작은 절로, 그 작은 규모에도 불구하고 입장료가 600엔 정도다. (기요미즈데라가 400엔인 것에 비하면 비싼 편이다.) 히가시야마 일대를 평풍처럼 두른 몇 겹의 숲으로 둘러싸인 아름다운 정원을 가지고 있다. '달의 정원'이라고도 불리는 이 정원은 내려가서 그 안을 걸을 순 없고, 오로지 마루에 앉아서만 볼 수 있게 되어 있다. '달의 정원'이라는 이름이 붙은 이유도 신비롭다. 밤이면 물에 비친 달이 장수와 지혜 등을 상징하는 정원 못의 각종 상징물들 사이를 가로지르기 때문이라고…….

내가 숱하게 조주인 앞을 얼쩡거려본 결과, 조주인은 겨울에 주로 공개되는 듯하다. 단풍철 특별 야간 공개도 있다. 하나 달갑지 않은(?) 점이라고 한다면, 조주인에서는 사진을 찍을 수 없다. 몰래 찍겠다고? 절 안이 손바닥만 하고, 관리자들이 매의 눈을 하고 있다. 사진을 찍을 수 없으니 다들 마음에 담으려고 하염없이 정원을 응시하며 소리를 죽인다. 사진을 찍으며 무엇을 놓쳐왔는지, 사진 촬영이 금지된 낙원에서 실감한다.

● 요란한 밤 산책 *

본토초와《밤은 짧아 걸어 아가씨야》

하누키 씨가 취기에 몸을 맡긴 채 히구치 씨의 등에 업혀
조용히 있자 사람들은 그녀를 '잠든 사자'라고 불렀습니
다. 그 하누키 씨가 갑자기 눈을 뜨더니 다른 사람의 맥주
를 "네 것도 내 것"이라며 마구 마셔대고, "본토초 최고"라
고 외치며 내 뺨을 핥았습니다. 눈을 뜬 사자는 아무도 말
릴 수가 없었습니다.

— 모리미 도미히코,《밤은 짧아 걸어 아가씨야》(작가정신) 중에서

교토 숙소로는 흔히, 버스 타기에 좋은 교토역 인근이 초보
여행자들에게 강력히 추천되곤 한다. 나는 주변 사람들에게
서 "이번에 교토에 가는데……"라는 말을 들으면 숙소를 어
디에 잡을 예정이냐고 묻고, 무조건 기온시조祇園四条 혹은 산
조 근처에 잡으라고 한다. 유스호스텔과 캡슐 호텔, 비즈니
스호텔부터 최상급 호텔까지 다 있고 모든 게 편리하기 때문

이다. 그 '모든 게 편하다'에는 밤놀이가 포함된다.

기온시조와 산조 언저리의 장점에 대해서라면 다른 글에서도 숱하게 썼지만, 교토 특유의 야경을 구경할 수 있는 기온과 가모가와까지 걸어서 도달할 수 있다는 점, '교토의 작가'라고 불리는 모리미 도미히코의 《밤은 짧아 걸어 아가씨야》에 나오는 본토초의 어지러움을 경험할 수 있다는 점이다.

나는 저녁 식사를 하면서 맥주 한잔을 곁들이거나 숙소에서 맥주 한 캔을 마시는 것 이외에 술을 마시러 어딜 찾아다니는 인간형은 아니게 되었다. 원래는 그랬지만 이제는 아니다. 술자리를 즐기지 않게 된 지 오래기 때문에 모리미 도미히코의 책을 읽을 때면, 교토의 밤에 대한 부분들이 다소 혼란스럽다고 생각했을 뿐, 크게 좋아하지는 않았다.

일단 내가 아는 교토는 시종일관 조용했다. 10여 년 새 외국인 관광객이 폭증해서 지금은 밤에도 밝고 북적거리는 모습이지만, 전에는 그렇지 않았다. 그러던 어느 날, 나는 동생과 교토에 놀러갔고 그날 소설의 모든 것이 상상보다 현실에 가까움을 알게 되었다.

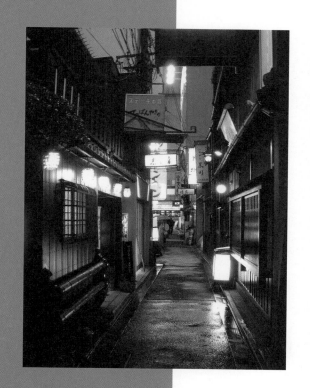

모리미 도미히코의 《밤은 짧아 걸어 아가씨야》는 환상적인 순정 연애담이다. 주인공은 검은 머리의 후배 아가씨를 짝사랑하게 된 대학교 선배인 '나'이다. '나'는 끓어오르는 연심을 어찌해야 좋을지 몰라 무작정 아가씨를 몰래 따라다니며 기회를 잡으려고 애쓴다. 아가씨도 자꾸 마주치는 게 신기한지 한마디 한다. "또 만나네요." 아가씨 생각에는 참 신기한 우연의 연속일 뿐이다. 무려 반년 동안이나. 반년 동안 우연 아닌 필연으로 마주친 두 사람은 희한한 사건들을 경험하게 되고 그만큼의 추억을 만든다.

교토에 사는 모리미 도미히코에게 교토는 술과 웃음이 흘러넘치는 판타지의 무대다. 하늘에선 잉어가 떨어지고, 밤길에는 술버릇이 영 좋지 않기로 유명한 술꾼이 돌아다닌다. 청년의 사랑은 결실을 맺을 기미가 안 보이고, 봄에서 겨울로 시간이 흘러간다.

《밤은 짧아 걸어 아가씨야》는 《다다미 넉 장 반 세계일주》와 더불어 모리미 도미히코의 기묘한 청춘 모험담을 만끽할 수 있는 최고의 이야기로, 작가의 능청스런 수다가 곳곳에서 웃음을 자아낸다. 무슨 뜻인지 감이 잘 오지 않는 책 제목은 이야기 속 술꾼이 아가씨에게 해주는 충고인데, 그 말처럼 아가씨는 참으로 부단히 발을 놀리고 청년은 참으로 부단히 허탕을 친다. 이 책을 보면, 1년 정도 교토에 살면서 밤의 골목길을 쏘다니고 싶다는 생각마저 든다. 교토가 이렇게 판타지와 잘 어울리는 공간이었나……. 놀라운 일이지만, 그렇다.

《밤은 짧아 걸어 아가씨야》의 아가씨는 술을 무척 잘 마시는데, 그녀가 마시는 술집의 배경이 바로 본토초 골목의 술집들이다. 본토초는 보통 한큐 가와라마치阪急河原町역 주변, 교토의 중심부에 위치한 교토의 최대 번화가를 일컫는다. 이곳에는 저녁 시간부터 밤늦게까지 영업하는 식당들이 몰려 있다. 동생과 함께 본토초의 진짜 모습을 발견하게 된 그날은 동생의 교토 첫 방문, 첫날밤이었다.

간사이 공항에서 출발해 교토 시내에 도착하니 때는 이미 밤. 식사를 위해 내가 사랑하는 식당 소바도코로 오카루そば処おかる로 향했다. 기온 뒷골목에 위치한 이곳은 뭐랄까, 내가 교토에 가는 이유 그 자체라고 할 정도로 좋아하는 곳이다. 문제는 최근 들어 찾는 사람이 부쩍 늘면서 맛이 일정치 않을 때가 있다는 점이다. 이런 점은 교토의 많은 유명한 식당들이 공유하는 것이기는 하지만.

어쨌든 그날은, 내가 오카루를 밤에 방문한 첫 날이자 (그동안은 쭉 점심시간에만 방문했었다.) 그 식당이 있는 골목이 남성을 위한 유흥가 중의 유흥가임을 처음으로 알게 된 날이다. 낮에는 전부 닫혀 있던 집들이 전부 정상 영업을 하고 있었던 것. 식당에서부터 풍긴 요란한 밤 분위기는 식당을 나서자 더 짙어졌다.

기온 야경을 구경하며 산조 쪽의 다리로 가모가와를 건너기로 했는데, 다리를 걷는 동안 어딘가에서 엄청난 소음이 들리기 시작했다. 가모가와로 말하자면 밤 시간에는 데이트 장소(특히 일정한 간격으로 떨어져 앉은 연인들의)로 인기가 높아 인구밀도가 낮지 않아도 은근 호젓한 느낌이 있다.

그런데 학기 초여서 그런지, 주말이라 그런지 폭동이 난 수준의 시끌벅적한 주정뱅이들의 고함소리가 들려왔다. 이게 본토초인가. 얼얼할 정도의 충격을 느끼며 본격적으로 (숙소 방향을 향해) 본토초를 걷는데, 이번에는 호객꾼의 대습격이 시작되었다. 밤늦게 라멘을 먹을 수 있는 가게도 있고, 쇼와 시대 일본식 다방인 킷사텐도 있고 제철 야채, 생선

등으로 차린 가정식 요리인 오반자이 집에 들어가서 굉음 없이 술 한두 잔 기울이는 일도 가능하지만, 그날은 '걸어서 지나가기'라는 미션 자체의 난이도가 높았다.

낮의 오카루와 밤의 오카루, 낮의 본토초와 밤의 본토초. 생각해보면 다른 얼굴이 아닌데 전혀 같아 보이지 않는다. 모리미 도미히코의 소설들에서 그런 교토의 '요란한' 즐거움을 간접적으로나마 맛볼 수 있다. 소설을 읽다가 설마 했던 것들이 설마에 그치지 않을지도 모르지만. 누가 아는가? 운이 좋다면 (혹은 몸이 허하면) 요괴를 볼 수 있을지도?

다혜's PICK

명물 치즈 고기 카레 우동(이 글자를 타이핑하기만 해도 이미 침이 고인다)은 소바도코로 오카루(そばどころおかる)의 슈퍼스타다. 오카루의 면은 거의 죽처럼 느껴질 정도로 부드럽다. 떠먹는다기보다는 면에 비벼 먹는 느낌인데, 사누키면처럼 딴딴하면서도 쫀득한 우동 면을 좋아하는 이들에게 오카루의 면은 잘 맞지 않을 수 있다. 하지만 이 부드러운 우동 면과 걸쭉한 카레 국물엔 특유의 중독성이 있다. 속이 풀리는 느낌이라 해장 메뉴로도 제격이다.
소바도코로 오카루에 다니기 시작한 날부터 나는 교토의 우동집에서 카레 우동을 팔면 믿고 주문하는 사람이 되었다. (생맥주를 팔지 않는 게 아쉬웠지만….) 이기중은 《일본, 국수에 탐닉하다》에서 교우동(교토의 우동)의 특색에 대해 "교우동도 간사이 우동을 대표하는 우동이니만큼 국물을 중시한다. 시간을 들여 정성스럽게 우린 다시 국물과 면이 빚어내는 조화가 교우동의 조화"라고 설명하는데, 그 말 그대로 어느 한 쪽에 과하게 힘을 쓰지 않는 인상이다.

교토의 유명한 우동집들은 깔끔한 다시 국물에 교야사이(교토의 야채)를 적극 활용해 철마다 다른 메뉴를 선보이는 경우도 많다. 주장이 너무 강한 맛은 높게 치지 않는다. 참고로, 오카루는 개인적으로 좋아하는 가게지만 아쉬움도 있다. 제철에 어울리는 야채를 중심으로 메뉴를 바꿔가며 좋은 면 요리를 먹을 수 있는 곳으로는 교토역에 있는 하시타테(はしたて)를 추천한다.

@ 소바도코로 오카루: JR교토역 D정류장에서 시내버스 86번 또는 100, 106, 110, 206번 탑승 후 기온(祇園) 정류장에서 하차, 도보 4분 / 영업시간 월~일 낮 11:00~15:00 · 브레이크타임 15:00~17:00 · 밤 17:00~익일 02:30(단, 금~토는 익일 03:00까지 영업), 예약 및 카드 결제 불가, 식사류 700~1,300엔

ⓘ ＊ **본토초**

JR교토역 A정류장에서 시내버스 4, 17, 205번 또는 D정류장에서 86, 106번 버스 탑승 후 시조가와라마치(四条河原町) 정류장에서 하차, 도보 4분
@ 영업시간 보통 17:30 전후로 저녁 영업 시작, ponto-chou.com(구체적인 가게 정보를 볼 수 있다)

혼자여도, 섞여도 좋다 **

가모가와 강변과 정지용

더우나 추우나 가모가와 강변에 바보들처럼 나란히 앉은
연인들을 바라보면서, 아아, 정말 짜증나는 풍경이구나
하고 생각했었지. 그런 것들은 물대포로 싹 쓸어버리면
좋겠다 싶었어. 하지만 아니었어. 실은 부러웠거든. 나도
언젠가 저 속에 섞이고 싶다는 생각을 한 거야.

— 마키베 마나부, 《로맨틱 교토, 판타스틱 호루모》(노블마인) 중에서

고등학교 때까지만 해도 참 다들 다르다고 생각했었다. 인간
은 다 다르다고. 우리는 그저 교복을 입고 있어서 비슷해 보
일 뿐이라고. 서른을 넘기고 시간이 갈수록 사람들이 참 다
비슷하구나 생각하게 된다. 말만 앞서고 행동이 안 따르는 사
람, 사랑에 빠지기를 즐기고 그 외의 사정은 잘 돌보지 않는
사람, 나이 들수록 나이 어린 사람들과 어울리기를 좋아하는
사람, 착한 척 하지만 욕망이 너무 커서 늘 휘청거리는 사람.

'교토에 왔구나'라는 실감을 갖게 되는 것은 가모가와를 볼 때다. 강의 어느 쪽에서 보든 관계없다. 내가 좋아하는 버드나무가 죽 늘어선 풍경이며 강둑에 정확히 간격을 맞춰 앉은(어떻게 다들 똑같은 간격을 두고 앉는 걸까? 그것이 늘 궁금하다.) 연인들, 조깅하는 사람들, 목 좋은 곳의 분위기 좋은 식당들을 보고 있으면 그게 그렇게 평화롭고 좋다. 해가 뜰 무렵이나 석양이 질 무렵에 굳이 가모가와를 걸어서 건너는 이유는 그 기분을 더 적극적으로 맛보기 위해서다.

정지용 시인의 〈압천〉이 가모가와의 한국식 독음이라는 사실을 뒤늦게 알았다. 일제강점기에 교토의 도시샤 대학(윤동주 시인도 같은 대학에 다녔다) 영문과에 다녔던 그는 일본 유학 시절 고향을 그리워하며 쓴 〈향수〉라는 시로 잘 알려졌다. "넓은 벌 동쪽 끝으로"로 시작하는, 이동원과 박인수의 노래로 잘 알려진 그 곡의 노랫말이 원래 정지용의 시다.

〈압천〉 또한 〈향수〉를 닮았다. 〈향수〉를 먼저 읽고 읽으면 나라 잃은 젊은이의 슬픔이 절절히 묻어 나온다.

가모가와 십리벌에

해는 저물어…… 저물어……

날이 날마다 님 보내기

목이 자졌다…… 여울 물소리……

찬 모래알 쥐여 짜는 찬 사람의 마음,

쥐여 짜라, 바시여라, 시원치도 않어라.

역구풀 우거진 보금자리

뜸북이 흘어멈 울음 울고,

제비 한 쌍 떳다,

비맞이 춤을 추어,

수박 냄새 품어오는 저녁 물바람,

오랑쥬 껍질 씹는 젊은 나그네의 시름.

나는 이 시의 6연을 좋아하는데, 앞의 에는 아픔과 다르게 댄디한 감성으로 강을 느끼는 자기 자신에 도취된 젊은 정지용이 보여서다. 가모가와를 건널 때면 종종 이 시를 떠올린다. 수박 냄새 같은 건 아침이든 저녁이든 물바람에 묻어 있지 않지만 그래도 괜찮다. 가모가와니까.

✳︎ ✳︎ 다혜's PICK

✳︎ 가모가와 근처에서 교토풍 조식을 맛볼 수 있는 곳

교토는 조식 문화가 발달해 있다. 왜인지는 잘 모르겠는데 조식'도' 취급하는 정도가 아니라, 제대로 된 아침 메뉴를 선보이는 식당들이 꽤 된다. 컨디션이 좋을 때는 가모가와를 건너 이노다커피(イノダコーヒ) 기요미즈점에 가서 아침을 먹고 귀찮다 싶으면 이노다커피 본점에 가서 아침을 먹는 일이 몇 번 있다.

뭐 먹을까 고민하지 않고 쿄노쵸쇼쿠(교토의 아침)라는 메뉴를 먹는데, 제법 든든하게 나오는 데다 커피가 맛있다. 따뜻한 크루아상과 푸짐한 스크램블드에그를 먹고 있으면 갑자기 다시 자고 싶어지는 마력의 포만감을 느끼게 된다.

아침 산책을 겸할 때는 당연히 기요미즈점 쪽이 좋다. 사람이 없다시피 한 니넨자카, 산넨자카, 기요미즈데라를 다 볼 수 있다. 사진 찍기도 좋고. 기요미즈데라는 무려 오전 6시부터 문을 연다. (닫는 시간은 계절이나 행사에 따라 변동이 있지만 여는 시간은 고정적이다.) 아침 산책을 하기 이보다 더 좋을 수

있을까.

참고로 기요미즈점의 영업시간은 오전 9시부터다. 한 바퀴 돌고 내려와 식사하면 딱 좋다. 물론 이렇게 움직이면 기요미즈점 인근의 가게들 구경을 할 수 없다는 치명적인 약점이 있지만. 기요미즈점 인근의 가게들은 제법 믿고 살 만한 물건이 많다. 나는 향을 살 때 기요미즈데라 인근의 향 전문점을 한 바퀴 돈다. 또 기요미즈데라 인근은 그릇으로 유명한 동네라서 그릇을 취급하는 곳도 몇 곳 있을 뿐더러, 소품 가게나 시치미, 일본식 산초 멸치조림인 치리멘 산쇼 가게 등 먹을거리를 취급하는 곳들도 실망한 적이 없다.

@ 이노다커피 기요미즈점: JR교토역 D정류장에서 시내버스 86번 또는 100, 106, 110, 206번 탑승 후 기요미즈미치(清水道) 정류장에서 하차, 도보 5분 / 영업시간 09:00~17:00, 연중무휴, 음료 500~700엔 · 디저트류 400~800엔 · 모닝세트 '교토의 아침' 1,440엔, www.inoda-coffee.co.jp

ⓘ ☀ 가모가와 강변

JR교토역 A정류장에서 시내버스 4, 17, 205번 또는 D정류장에서 86, 106번 버스를 타고 시조가와라마치(四条河原町) 정류장에서 하차, 도보 3분 한큐 가와라마치(阪急河原町)역에서 기온, 야사카진자 방향으로 가는 시조오하시(四条大橋)는 가장 인기 있는 다리로, 강바람을 맞으며 산책하기 좋다.

● 밤의 철학 *

혼자 걷는 기온 중심부

가을밤은 아득히 저 너머에,
조약돌뿐인, 강가가 있어
그곳으로 햇살은, 사락사락
사락사락 비추고 있었습니다.

— 나카하라 추야, 《달에게 짖다》(창비)에 실린 〈하나의 메르헨〉 중에서

나카하라 추야를 좋아하는 까닭은 그리움와 애달픔, 선명해서 손에 잡힐 듯 느껴지는 감각, 지금 여기에 있지 않은 무엇인가를 갈구하는 그 고통스러울 정도의 감각 때문이다. 앞에 인용한 〈하나의 메르헨〉은 4연으로 된 시의 1연인데, 나는 나카하라 추야의 시가 이상한 방식으로 인용된 글을 읽은 적이 있다.

달밤의 해변에서 단추를 주웠다, 그저 그뿐인데 너무나

애틋해서 버릴 수가 없었다.

아리스가와 아리스의 소설에서 〈달밤의 해변〉은 마치 하이쿠처럼 똑 잘라 인용되었는데, 원문과 다르다. 〈달밤의 해변〉을 사실상 요약하는 형태로 인용한 셈인데, 시와 시인에게는 크게 실례되는 일이 분명하나 기묘할 정도로 시의 정서를 잘 옮겼다. (나카하라 추야의 〈달밤의 해변〉 전문은 이 글의 맨 마지막에 소개한다.)

혼자 걷는 밤의 기온 중심부는, 추야의 시에 나오는 '달밤의 해변' 같다. 일행이 있을 때는 북적이고 정신없을 뿐이지만, 홀로 걸으면 그 많은 사람 덕분에 쓸쓸함이 더 짙어진다. 낮에는 이렇지 않다. 낮에는 단추를 주웠는데 어쩌지 못하고 소맷부리에 넣는 심정이 되지 않는다. 낮의 기온. 식사를 하러 종종 들르는 뒷골목의 유명한 가게들이 있다. 향이 좋고 아삭한 대파가 한가득 올라간 네기우동을 파는 기온 요로즈야祇園萬屋나 붕장어 튀김을 올린 텐동 전문점 덴유点天 같은 곳들. 그런데 밤이 되면 이런 식당은 전부 문을 닫는다. 낮에 여는 가게, 밤에 여는 가게가 다른 경우가 적지 않아 흡사 다른 동네

같이 느껴질 정도다.

내가 기온 밤 산책을 할 때 떠올리는 곳은 하나미코지
花見小路가 아니라 기온 시라카와祇園白川라고 불리는 작은 물길
과 그 주변이다. 시조 거리四条通り의 기쿠스이菊水 레스토랑 앞
에서 출발해 산조 쪽으로 천천히 산책을 시작한다. 버드나무
가 나오고 물길이 오른쪽으로 꺾이기 시작하면 물길을 따라
천천히 올라간다. 인파가 많아지는 다쓰미바시巽橋 근처에서
멈춰도 좋고, 물길을 따라 지온인까지 20분 정도를 더 걸어도
좋다. 밤의 지온인은 도리이(신사 입구에 세운 기둥 문) 안의
큰길 양쪽에 등을 켜놓고 있어서 제법 운치가 있으니까.

기온 시라카와를 따라 걷는 이 길을 나는 '밤의 철학
의 길'이라고 부르는데, 북적이는 구간이 있긴 해도 전반적으
로 조용하고 차분하다. 시라카와가 보이는 쪽으로 창을 낸 식
당들은 가격대가 높은 편이라, 산책을 하다 보면 성냥팔이 소
녀처럼 그 안을 굶주린 눈길로 흘끗거리게 된다. 여름엔 시원
해 보이고 겨울엔 따뜻해 보이는, '창문 너머'라는 공간. 창은
시라카와 쪽이지만 입구 쪽이 또 신기하다. 교토의 상점가는
입구 쪽이 유난히 좁고, 입구를 따라 깊게 들어가면 넓은 공

간이 나오면서 건물 본체를 볼 수 있다. 16세기 교토 상점에 도입된 전면세(입구의 크기로 세금을 매기는 것) 때문이라고 한다.

산책 코스로는 지온인까지 갔다가 큰길을 따라 야사카 진자 앞으로 와서 시조 거리를 거슬러 올라오는 방법이 하나, 아까 간 길을 시라카와를 따라 거슬러 올라오는 방법 또 하나가 있다. 전자는 대로변이고 가모가와 근처라 탁 트인 길을 걷는 재미가 있고, 후자는 골목 구경과 골목 사이의 영업집들을 살피며 '어디서 한잔 해볼까' 두리번거리는 재미가 있다. 일행이 있을 때보다 혼자 이 길을 걷는 게 더 좋은 이유는 쓸쓸하고 운치 있는 밤 산책에 딱 어울려서.

이런저런 생각으로 머릿속이 시끄러울 때 그 소리를 잠재우기 좋은 산책로다. 너무 길지도 않고, 너무 외지지도 않으며, 언제든 꺾어 돌아갈 수 있는. 조명 자체가 적당히 낮은 조도를 유지한 밤의 기온 뒷골목을 걷다 보면, 정말 달밤에 단추를 줍는 기분이 든다. 단추는 다른 누구도 아닌 나 자신이다. 나 자신에 대한 애틋함을 느끼는 것은 이런 밤의 시간에나 잠깐 허용될 뿐이다. 해가 뜨면 그런 감정은 소맷부리에

집어넣는다. 누군가는 버리는 것이지만 나는 버릴 수 없다. 나는 나를 버릴 수 없다.

　　이런 생각을 하면 술 생각이 난다. 이런 플로는 나도 좀 진저리 나고 심지어 요즘은 술을 잘 마시지도 않지만(확실히 해두기 위해 이 글을 쓰는 시기에는 음주 횟수가 한 달에 2회 미만임을 밝히는 바다), 여길 걷다 보면 갑자기 중독자처럼 '술! 술! 술을 다오!' 하는 상태가 된다.

　　이 인근에서 밤 시간에 식사든 술이든 하려면 예산을 제법 잡아야 한다. 교토에서는 술을 파는 오반자이 가게가 꽤 많다. 교토식 선술집 문화랄까. 기온 지역과 강 건너 본토초는 물론 교토 중심부에서 꽤 볼 수 있다. 오반자이라고 하면 '교토 가정식'이라고 설명할 수 있는데, 가정식이라는 말에 걸맞게 가게 내부가 좁다. 짧은 카운터와 테이블은 두어 개에 그칠 때도 많다. 예약 손님만으로 가게가 다 차기도 한다. 구글맵에서 주변의 식당이나 술집을 찾을 때 오반자이 전문 식당이고 밤에 영업을 한다고 나와 있으면, 대개 이런 분위기라고 생각하면 된다. 단골 장사를 하는 집들도 많아, 앉아서 술을 곁들여 이것저것 먹고 있으면 문이 열리고 손님이 들어서, 마스터와 친숙하게 대화를 나누는 광경을 심심찮게 보게 된다.

"눈이 오는데요?"

"눈이 내리니까 연말 같고 좋군요."

"에이, 춥기만 한데요. 거리에 사람도 없어요."

"오늘은 탕 종류로 하시는 건 어떤가요?"

맥주 두 병을 마시고 숙소로 돌아가는 길. 단추 따위는 잊어버린다. 술은 이러라고 마신다.

✳ ✳ **다혜's PICK**

오반자이 전문 식당에서 식사든 술안주든 뭔가를 먹을 때는, 말할 것도 없이 그 계절의 교야사이를 이용한 메뉴를 선택한다. 특히 내가 사랑하는 술안주는 에비이모 튀김이다. 토란의 일종이라고 설명하곤 하는데, 새우를 닮아서 에비이모라나. 어쨌든 에비이모는 맛있어! 어떻게 먹어도 맛있다.

난젠지 앞의 준세이 같은 두부 요릿집에서 정식 코스를 주문하면 자주 먹게 되는데, 특유의 크리미한 식감이 좋다. 튀김으로 내올 때는 보통 성기게 깍둑썰기를 해서 튀김옷을 입힌다. 가지를 활용한 요리도 있다면 뭐든 먹어볼 만하다. 교토산 가지는 가모나스라고 부르는데, 살짝 데친 뒤 껍질을 벗겨 가쓰오부시와 다시마로 우린 육수에 재워 차갑게 식힌 뒤 소면요리의 고명이나 술안주로 내오는 경우가 많다.

① ※ 기온 중심부

JR교토역 D정류장에서 시내버스 86번 또는 100, 106, 110, 206번 탑승 후
기온(祇園) 정류장에서 하차
기쿠스이 레스토랑 앞에서 출발해 산조 쪽으로 천천히 산책을 시작해 지온인
까지 갈 경우 JR교토역 D정류장에서 시내버스 86번 또는 106번 탑승 후 시
조 게이한마에(四条京阪前) 정류장에서 내리면 된다.

달밤의 해변

달 밝은 밤, 단추 하나가
물가에 떨어져 있다

그걸 주워서, 어딘가에 쓰려고
생각한 것도 아닌데
어쩐지 그냥 두지 못하고
소맷자락에 넣었다

달 밝은 밤에, 단추가 하나
물가에 떨어져 있다

그것을 주워서, 어딘가에 쓰려고
생각한 것도 아닌데
달을 향해 내던지지 못하고

파도를 향해 내던지지 못하고

나는 그것을, 소맷자락에 넣었다

달밤에 주운 단추는

손끝에 물들고 마음에 스몄다

달 밝은 밤에 주운 단추,

그 단추를 어찌 버릴 수 있을까?

— 나카하라 추야, 〈달밤의 해변〉

새벽 장과 좋은 야채 **

오하라와 산책길

벗들이 다 나보다 훌륭하게 보이는 날엔
꽃을 사들고 와
아내와 즐기리라
— 이시카와 다쿠보쿠, 《한 줌의 모래》(필요한책) 중에서

지인들이 교토에 간다며 "어디 한 곳만 추천해주세요"라고 할 때, 추천한 뒤 실패한 적 없는 곳이 바로 오하라大原다. 모르고 우연히 가기에는 너무 먼 곳이라서, 누가 좋다고 해야 발걸음하게 된다. 오하라는 교토의 북쪽에 있다. 교토역에서 오하라행 버스를 타고 대략 1시간은 가야 닿는 곳이다. 가을 단풍철이 되면 이 버스는 사람으로 가득 찬다. 시조나 산조에서 버스를 타면 앉지 못하고 꼬박 서서 갈 때도 있는데, 사람까지 많으면 도착하기도 전에 힘이 빠질 정도로 멀다.

오하라는 좋은 야채가 많이 나는 농경지들이 있는 곳이

기도 하다. 교토는 교토의 야채로 만든 츠케모노(일본의 채소절임)가 특히 유명한데(교토야채절임이라는 뜻으로 '교츠케모노'라는 단어도 따로 있다), 그것은 교토에서 나는 야채가 맛있다는 교토식 에두른 자랑이다. 그런 야채들이 바로 오하라에서 재배된다.

오하라의 관광지로 가는 길에는 야채로 만든 각종 츠케모노 가게가 늘어선 모습이 끊임없이 이어진다. 오이를 살짝 절여 차가운 물에 담근 아이스큐리를 간식으로 팔기도 하고, 샐러드나 데친 두부 요리에 어울리는 각종 소스를 만들어 팔기도 한다. 거기서 시식을 하면 빈손으로 나올 수가 없다. 오하라의 절들로 가는 길은 그렇게 유혹으로 가득하다.

오하라에 새벽 장이 열리면, 교토 시내에서 식당을 하는 요리사들이 오하라까지 차를 몰고 온다. 그 새벽 장보기에 동행한 적이 있다, 신선한 야채가 맑은 산 공기 아래 나란히 누워 있는 모습을 보니 신기할 정도로 기분이 맑고 좋아졌다.

오하라의 농사는 대규모 밭농사가 아니라서 야채들을 일일이 손으로 경작해야 한다. 길이 닦이기 전에는 농사지은 채소나 땔감을 팔기 위해 오하라메(오하라 여자라는 뜻)는 교토 시내까지 나가야만 했다. 그러니 오하라메라는 명명에는 생명력이 강한 여성이라는 뜻이 포함된다. 버스를 타고 앉아서 이동해도 쉽지 않은 거리를 농산물을 이고 지고 움직였을 가난한 여성들을 떠올리면, 교토 시내보다 기온이 낮은 오하라가 더 춥게 느껴진다.

오하라의 산책길을 설명하려면, 버스정류장에서부터 시작해야 한다. 종점인 오하라에서 내리면 이곳의 대표적인 두 사찰, 잣코인寂光院과 산젠인三千院이 정반대 방향으로 표시돼 있는 걸 볼 수 있다. 잣코인이 더 많이 걷는 코스이며, 눈 내린 겨울에는 잊을 수 없는 설경을 만나게 되는 곳이다. 잣코인은 잣코인만 구경하게 되는데, 조용한 주택가 분위기의 길이 아주 야트막한 오르막으로 1킬로미터 이상 이어진다.

산젠인과 비교하면 가는 길에 노점도 훨씬 적고 전반적인 인파도 훨씬 적다. 산젠인은 대체로 언제 가도 사람이 북적이는 편이다. 물론 이런 북적임의 기준을 기요미즈데라 정도로 잡으면 절대 안 된다. 내가 오하라를 자주 찾은 건 아무리 사람이 많을 때라 해도 시내의 절에 비할 바는 아니라는 이유도 있다.

눈이 많이 내리던 어느 겨울의 아침에는 한 30분 동안 잣코인 경내에 혼자였던 적도 있다. 그런 때면 하염없이 눈이 녹아 처마 아래로 똑똑 떨어지는 소리를 들으며 앉아 있곤 했다. 뭐에 홀리는, '여기서 사라져도 아무도 모르겠구나' 하는 기분을 느끼며. 무섭다고 생각할 필요는 없다. 이제 그런 정도의 정적은 교토에서 경험할 수가 없다. 일본 내에서 가장 빠르게 외국인 관광객이 증가하는 도시 중 하나가 바로 교토이니까.

산젠인 방향으로는 산젠인 말고도 볼거리가 다양한 편이다. 산젠인까지는 잣코인보다 조금 더 경사가 있는 오르막이지만, 1킬로미터 미만으로 거리는 짧다. 대신 산젠인은 먹을거리, 구경거리가 많아서 오르는 데 시간이 오래 걸린다. 산젠인 경내도 굉장히 넓고 다양한 볼거리가 있어서 여기에서만도 꽤 긴 시간을 쓰게 된다.

산젠인은 봄, 여름, 가을, 겨울 어느 때나 좋다. 수국 정원도 있고, 벚꽃 필 때도 볼거리가 있고. 하지만 관광지로서 산젠인의 절정은 가을이 아닐까 한다. 가장 붉고 선명해서 투명한 느낌마저 드는 단풍이 매표소 앞 단풍이라는 점이 미스터리하지만.

산젠인 최고의 기쁨은 바로 이끼 정원과 이끼로 뒤덮인 지장보살들이다. 경내 곳곳에 있는 지장보살 중 동자보살은 특유의 은은한 미소를 짓고 있어, 발견한 사람마다 탄성을 지르며 사진을 찍는다. 하는 말은 다들 같다. "어머, 표정 봐. 저기도 있다. 진짜 귀엽네." 산젠인의 지장보살 포인트에서 사람들 탄성을 듣는 일은 질리지 않는다. 동자보살의 미소를 보는 일 역시, 몇 번을 마주해도 지루한 줄 모르겠다.

그런데 단풍철 오하라에서 가장 아름다운 곳은 산젠인도, 잣코인도 아닌 호센인宝泉院이다. ('뭐야! 이제 와서 또 다른 데 가는 거야!' 하는 원성이 들린다. 다행히 산젠인에서 느릿하게 걸어 10분도 안 걸리며 오르막길도 아니다.)

호센인은 일본의 정원 연출이 무엇인지를 한눈에 알게 해주는 곳이다. 규모는 굉장히 작지만 그와는 무관한 스펙타클을 보여준다. 수령이 700년 되었다는 소나무가 호센인의 큰 자랑. 표를 사서 들어가면(가장 최근에 갔을 때는 맛차와 떡을 포함해 800엔이었다. 건물은 겨우 한 동인데!) 일단 오른쪽 툇마루에 꽂힌 대나무 대롱이 보인다.

처음 갔을 때 나는 여기에 눈을 대고 한참 들여다보았는데, 눈이 아닌 귀를 대야 한다! 그러면 영롱한 물소리가 대롱을 타고 시원하게 울린다. 이것도 신기하지만, 호센인 입구에 있는 작은 폭포와 그 아래 성인 팔뚝만 한 잉어들도, 안에 들어서면 여기저기 열린 문으로 보이는 소정원의 풍경들도 다 좋다. 하지만 호센인을 유명하게 하는 건 바로 액자 정원이다. 죽어가는 700살 먹은 소나무가 건물 한쪽 면에 크게 난 기둥 사이로 보이는 모습이, 꼭 액자 안의 그림 같아서 액자 정원이라고 불린다.

시센도나 또 다른 곳에서도 액자 정원을 종종 볼 수 있지만 호센인은 이 작은 절이 오직 액자 정원으로 꽉 차 있는 인상이라 놀랍다. 과장이 아니다. 단풍철이면 호센인은 실내에 앉을 자리가 없을 정도로 사람이 북적이는데, 그래도 방문할 가치가 있다. 액자 안에 들어가 있기 때문에 더 그림 같고 더 완전해 보이는 기묘한 효과를 알고 지은 것일까? 당연히 연출이라는 표현은 우연이 아니라는 뜻이다. 자연을 오랫동안 보고 즐겨온 사람들이 갖는 특유의 미감이다.

산젠인 위쪽, 산을 더 타는 방향을 향해 간단한 등산을 하는 기분으로 올라가는 일도 권하고 싶다. 역시 어느 겨울엔가 산젠인 위쪽의 라이고인(来迎院) 등을 하나씩 다 방문하며 오토나시노타키(音無の滝)라는 곳까지 오른 일이 있다. 눈이 쌓여 있었고, 전부 얼음이었고, 등산을 싫어하는데도 거기까지 간 걸 보면 어지간히 심심했던 게다.

오토나시노타키는 '소리 없는 폭포'라는 뜻이지만 실제로 보면 우렁찬 소리를 내며 물이 흐르고 있음을 확인할 수 있다. 이름이 그렇게 붙은 까닭은 불교의 가르침을 읊는 의식인 쇼묘와 관련이 있다. 고저가 비슷한 음을 더해 노래하듯 읊는데, 처음에는 폭포 소리에 가려 들리지 않던 승려의 목소리가 점점 또렷해지며 득도의 경지에 오르면 폭포 소리가 더 이상 들리지 않게 된다는 전설의 장소다.

ⓘ ✳ 오하라

JR교토역 C3정류장에서 교토버스 17번 탑승 후 종착역인 오하라 정류장에 하차(약 1시간 소요)

✳ 잣코인

@ 입장 시간 3~11월 09:00~17:00 · 12~2월 09:00~16:30(단, 1월 1일~3일은 10:00~16:00), 연중무휴, 입장료 600엔, www.jakkoin.jp

✳ 산젠인

@ 입장 시간 3~10월 09:00~17:00 · 11월 08:30~17:00 · 12~2월

09:00~16:30, 연중무휴, 입장료 700엔, www.sanzenin.or.jp

* 호센인

@ 입장 시간 09:00~17:00(16:30에 입장 마감), 연중무휴, 입장료 800엔

(다과 포함), www.hosenin.net

당신은 교토를 좋아하게 될까? *

시센도의 액자 정원

실물의 위력

— 그림보다 실물이 나은 것
패랭이꽃. 창포. 벚꽃. 모노가타리(이야기) 속에서
아름답다고 한 남자나 여자 모습.

그림의 위력

— 실물보다 그림이 나은 것
소나무. 가을 들녘. 산골 마을. 산길.

— 세이 쇼나곤, <마쿠라노소시> 중에서

친구와 교토에서 여름을 함께 보낸 일이 있다. 그 여행에서 친구는, 지금은 해체한 SMAP의 〈Fine! Peace〉라는 노래가 실린 CD를 사서 지치도록 들었다. 그리고 둘 다 꽤나 게으른 편에 책을 좋아해서, 한밤중 늦게까지 나란히 침대에 누워 각자 교고쿠 나쓰히코의 소설을 읽었다. 책을 읽고 나서는 새벽까지 이야기를 했는데, 자판기의 맥주가 동나도록 (당시 일기에

'자판기 맥주가 동났다'고 적어놨는데 정말 동난 건지, 그냥 그렇게 비유한 건지 모르겠다) 이야기한 기억이 난다.

무슨 이야기를 했는지는 다 잊었다. 자판기에 맥주를 뽑으러 나갔던 친구는 첫 번째 남편도 되지 못한 당시 남자친구와 통화를 하고 들어왔던 것도 같다. 그렇게 해가 뜰 즈음에야 잠들어 호텔의 무료 조식은 먹지도 못했고, 해가 중천에 걸렸을 때 겨우 일어나 전차를 타고 니조조二条城로 갔다. 그런데 하필 비가 갑자기 쏟아졌다. 오후 3시 넘인데도 빗줄기에 가려 성이 흐릿하게 보일 지경이었다. 출구 앞에 우산 파는 사람도 보이지 않아 둘이 열없이 비 내리는 모습을 보다가 다시 오사카大阪의 숙소로 돌아왔었다. 그해 여름, 여름이라는 계절을 좋아하게 된 첫 여름.

〈마쿠라노소시〉 식으로 그 시간에 대해 말하자면, 이렇게 되겠지.

여름을 사랑

하루 먼저 도착한 나, 하루 더 머문 친구. 교토의 교고쿠도 투어. 두 번째 읽는《망량의 상자》. 혼자 둘러보는 인적 드문 히메지성. 중천에 떠 한 치의 그림자도 남기지 않는 한여름의 태양. 우연히 마주친 하나비. 우연히 구경한 마쓰리. 히메지 곁의 정원(역시 인적이 드물어 좋았던). 유카타를 입은 소년들의 유달리 넓어보이던 가슴. 유카타를 입은 소녀들의 영원할 듯 발그레하던 볼. '도아'가 아니라 '도비라'가 열린다고 말하던 오사카의 전차 멘트. 백화점 지하 식품 코너의 고로케 모든 맛 먹어보기. 한밤중 호텔 자판기에서 맥주 캔이 퉁 하고 떨어지는 묵직하고 시원한 소리.

실제의 〈마쿠라노소시〉는 상당히 시대성이 있는 기록이라, 사실 무슨 말인지 알아듣기 힘든 내용이 많고, 주석을 다 읽고 나면 감흥이 사라지는 글도 많다. (동의할 수 없는 내용도 많고.) 하지만 저 형식만큼은 제법 그럴듯해, 일기를 쓸 때라도 종종 차용하고 싶다는 생각이 든다. 그중 교토 여행 동안 음식과 잠으로 노곤해진 내 머리를 즐겁게 한 글은 다음과 같다.

20단

불안 초조

– 약점 잡혀서 마음이 안 놓이는 것

남자 마음속. 한밤중에 자지 않고 있는 스님. 좀도둑이
어둠 속에 몸을 숨기고 보는 것. 또 어둠을 틈타 아무도
모르게 남의 물건을 슬쩍하는 사람. 이런 사람은 좀도둑
은 자기랑 동족이라고 좋아할지도 모른다.

…… (중략) ……

남자란 행여 상대 여자가 자기 이상형이 아니고 마음에
안 드는 점이 있어도, 면전에서는 결코 싫은 소리를 하지
않고 마구 칭찬해 기대를 품도록 한다. 더구나 여자한테
잘하고 남녀 관계에서 정평이 난 사람은, 여자 쪽에서 애
정이 없다고 느끼게 되는 행동은 절대로 하지 않는다. 마
음속에 두고 생각만 하는 게 아니라 이 여자 험담은 저
여자에게, 저 여자 험담은 이 여자에게 계속 옮기고 다니
는데, 막상 듣는 여자는 자기 이야기가 다른 여자 앞에
서는 어떻게 나오는지도 모르고, 다른 여자 험담을 자기
앞에서 하니 오히려 그 남자가 자기에게 애정이 있는 줄

로 착각한다. 그러니 내게 조금이라도 호의를 보이는 남자를 만나면 이 남자도 그런 음흉한 사람일 것 같아 마음이 놓이지 않는다. 남자라는 동물은 처지가 딱한 여자를 헌신짝처럼 버리고 뒤도 안 돌아보고 딴 여자에게 가는 냉혈 동물인데, 도대체 무슨 생각으로 그러는지 알 수 없다. 그런 주제에 자기 일은 쏙 빼놓고 다른 남자의 냉정한 행동을 열을 올리며 비난한다. 정말 남자란 동물은 도저히 이해 안 된다. 특별히 의지할 사람도 없는 뇨보랑 사귀어서 애까지 갖게 해 놓고 그 후에는 언제 그랬냐는 듯이 나 몰라라 하는 작자들도 있으니까 말이다.

시센도는 중국의 시센(시인) 36명의 초상화를 벽에 둘러 걸어 놓은 방 때문에 붙은 이름이다. 근처의 만슈인曼殊院과 함께 관람하기 좋은 곳으로, 서점 케이분샤惠文社와도 멀지 않다. 다만 접근성이 아주 좋은 편은 아니다. 버스를 타야 하고, 주택가 안쪽에 있는 크지 않고 조용한 사찰이라 내려서 좀 걸어야 한다. 더울 때는 걸어야 해서 괴롭고, 추울 때도 걸어야 해서 괴롭고, 지쳤을 때도 걸어야 해서 괴롭다.

시센도의 정식 이름은 오우토쓰카凹凸窠인데, 건물이 산의 경사면에 앉아 있기 때문이다. 입구의 대나무 숲을 지나 적요한 정원으로 들어서는 순간의 경이는 겪을 때마다 새롭다. 왜 이렇게 시센도가 좋을까 궁리해봤는데, 지형적 특징이나 작은 규모를 잘 활용한 섬세하면서도 대담한 요소들이 한국의 절을 연상시키기 때문인 듯하다. 사슴이나 멧돼지가 뜰을 휩쓰는 것을 막기 위해 마련된 시시오도시의 아름다운 울림소리도 시센도에서 빼놓을 수 없다.

나는 큰 절에 딸린 정원과 다르게 무린안도, 시센도도 집으로 쓰던 곳 특유의 미감이 있다고 믿는 쪽이다. 개인 공간을 계속 더하고 빼가며 고쳐서 만든 풍경이라는 것, 그리고 개인의 주관이 강하게 들어간 어떤 내면의 풍경을 외면화한 공간이라는 것. 규모가 큰 정원에 가면 안 피는 꽃이 없고 취향 따질 것도 없이 네 맛 내 맛 다 충족시킬 수 있는데, 여기는 그저 누군가의 세계에 들어가서 받아들여지기를 기대하는 것뿐인 듯한 감격이 있다.

이런 곳에 올 때면, 한밤의 풍경을 알 수 없다는 데 눈물이 날 것처럼 서운함을 느낀다. 그것만큼은 살았던 사람만 아는 것이다. 한밤에 별이 어디까지 보이는지, 물소리는 어떤 다른 울림을 갖는지, 시시오도시의 소리는 밤이 되면 더 커지는지……. 짐승과 벌레 소리는 얼마나 가까워지고, 바람은 어디서부터 불어오는지, 툇마루에 누워서 한여름 밤을 보내는 일은 어떤지 궁금해서 미칠 지경이 된다. 그런 상상을 낳는 곳이라 좋아하는 모양이다.

애초에 이곳은 문인의 산장이었다. 적어도 풍류를 잘 아는 사람이 작정하고 지은 곳. 심지어 은둔하려고 지었으니 말 다했다. 그 주인공은 에도 시대 초기의 문인이자 도쿠가와가의 가신이며 무사이기도 했던 이시카와 조잔이다. 시센도를 보면 당연한 일이겠으나 이시카와 조잔은 작정에 재능이 있었다고 하며, 59세에 완성해 90세까지 살았다고 한다.

교토의 유명한 정원이라면 덴류지天龍寺, 료안지 등 꼽을 곳이 많으나 여기도 빼놓기 어렵다. 시센도 내부에는 찰스 황태자와 그의 아내였던 다이애나 황태자비가 방문했을 때의 사진도 있다. (그 외에도 유명인의 방문을 기념하는 사진이 몇 장 더 있다.) 액자 정원, 단풍, 시시오도시 등 유명한 것으로 따지면 끝이 없지만 시센도는 한여름 뙤약볕에도, 한겨울

의 으스스함에도 고고함을 잃지 않는다.

가는 수고로움에 비해 보는 것은 잠깐인데도 계속 생각난다. 정원 구석구석 나무들의 배치도 신기하고, 좁은데 뭐가 많아서 계속 발견하게 된다. 시센도는 규모로 말하는 곳이 아니다. 볼 수 있는 사람에는 보일 것이고, 지나치는 사람에게는 그저 또 하나의 교토의 절일 뿐이다. 그래서 아껴가며 간다.

무린안이 마음 편히 들를 수 있는 개인 정원이라면, 시센도는 큰맘 먹고 걸음 하는 개인 정원이다. 단풍철이니 하는 이름 높은 계절보다, 사람들이 굳이 찾지 않을 시기를 틈타 나만 아는 얼굴을 하나라도 더 새기고 싶은 곳이다. 시센도에 가보고도 뭐가 좋았는지 모르겠다고 말하는 사람하고는 친구가 될 수 없다. 물론 그래서겠지만 친구가 몇 없다. (쓸쓸하다……)

일본에서 머물던 숙소의 스탭 (교토인) K씨, A씨와 가라오케에 갔던 때의 일이다. 나로서는 불운하게도 두 사람의 신청곡이 동방신기의 〈주문MIROTIC〉이었다. 춤도, 같이 부를 멤버도 없이 혼자 염불하듯 부르고 나니 K씨가 노래를 골랐다. 우에무라 카나의 〈토이레노카미사마〉(화장실의 신).
우에무라 카나의 자전적인 이야기를 담은 곡으로, 아주 천천
히 가사를 읊조리며 부르는 포크송이다. 그 곡을 보고 A씨가
"또!"라고 했다. 나중에 알았지만 자주 부르는 곡이라고. 8분
정도의 긴 노래는 이렇게 시작된다.

　　"초등학교 3학년 때부터 왜인지 할머니하고 살게 됐어."

　　가사 내용은 이렇다. '나'는 매일매일 할머니를 도와주
고, 할머니와 오목을 두기도 한다. 그런데 화장실 청소만큼은
영 잘하지 못하자, 할머니는 이렇게 말한다.

　　"화장실에는 아름다운 여신님이 있단다. 그러니까 매
일 깨끗이 청소하면 여신님처럼 아름다워질 수 있단다."

　　'나'는 그날부터 반짝반짝해지도록 화장실을 청소
한다. 노래를 듣는 이라면 누구나 알 수 있으리라. 할머니가
그런 이야기를 지어낸 것은 아마도 손녀가 화장실을 깨끗하
게 청소하도록 만들기 위함이었다고. 부모가 같이 살 수 없는
처지에 놓인 어린 여자아이의 생활은 녹록지 않았을 테다. 아
름다움보다는 직업과 돈이, 화장실 청소보다는 공부가 도움
이 되었겠지만, 할머니는 자신이 살아온 세상의 규칙으로 손

녀를 가르쳤다.

　조금 시간이 흘러 손녀는 조금 어른이 되었고, 할머니와 자주 싸운다. 가족들과도 사이가 좋지 않아서 집에 가지 않고 늘 남자 친구와 시간을 보낸다. 할머니와 함께하던 건 다 사라졌다.

　"왜일까. 사람은 사람을 상처 입히고 소중한 것을 잃어가."

　홀로 도쿄로 떠난 지 2년 후, 할머니의 입원 소식이 들려온다. 살이 빠져 여윈 할머니의 몸에는 뼈만 남아 있었다. 할머니는 몇 마디 하지도 않았는데 "이제 돌아가"라며 병실에서 손녀를 내보낸다. 그리고 이튿날 찾아온 할머니의 조용한 죽음.

　"마치, 마치 내가 올 것을 기다리고 있던 것처럼."

　가라오케 화면에 뜨는 가사를 읽듯 노래를 부르는 K씨도 울고, 그 곡을 처음 알게 된 나도 울었다. (이 글을 쓰는 지금도 울고 있다.) 나도 K씨도 할머니와 살았다. 그래서 끔찍할 정도의 빚진 마음은 우에무라 카나에 뒤지지 않을 정도로 갖고 있다. 노래를 부른 우에무라 카나처럼 미인이 되려고 화장실을 청소하는 일은 없었지만, 할머니가 밤늦게까지 떠드는 나를 재우려고 협박하는 일(아파트에 살았는데도 나는 "밤에 노래를 하면 뱀이 나온다"는 말을 믿었다)은 얼마든지 있었다. 어릴 때는 할머니가 가장 좋은 친구였는데, 커가면서 할머니를 아무도 아닌 사람처럼 대하기 시작했다.

소중한 것을 잃어간다. 지금은 아무것도 아닌 것이 전부였던 시절을, 믿고 사랑했던 것들을 잊어버리고 앞으로 나아간다. 그래야 앞으로 나갈 수 있으니까. 그런데 가끔은, 거기 있던 것들이 한꺼번에 찾아오는 때가 있다. 그런 장소가 있다. 시센도에 걸려 있는 찰스 황태자와 다이애나 황태자비의 사진처럼 더 이상 그렇지 않은, 슬픔으로 끝난 관계들이 가장 반짝거렸을 때를 상기시키는 장소가 있다.

그 사람과 같이 방문하지 않았음에도 그런 것들을 깨닫게 하는 장소가 있다. 여행을 좋아하는 사람들은 그런 장소 찾기의 중독자들이다. 나에게는 시센도가 그런 곳이다. 처음 방문했던 때는 혼자가 아니었는데도 그랬다. 분명 당신에게도 그런 장소가 있을 것이다. 그러니 아직 찾지 못했다면 찾기를 포기하지 마시길.

① ﹡﹡ **시센도**

JR교토역에서 5번 버스를 타고 이치조지 사가리마쓰초(一乗寺下り松町) 정류장에서 하차, 도보 5~7분

@ 입장 시간 09:00~17:00(입장 마감 16:45), 정기휴무 매년 5월 23일, 입장료 500엔, kyoto-shisendo.com

애매할 때 언제나 정답 *

정원의 호사, 헤이안진구

"꽃을 남김없이 다 보고 싶어요"
하고 치에코가 말했다.

— 가와바타 야스나리, 《고도》(백양출판사) 중에서

헤이안진구는 근처에서 식사를 하기 전이나 후, 혹은 할 일
없으면 동네를 어슬렁거리다가 들르곤 하는 곳이다. 헤이
안진구 입구의 화려하고 거대한 주황색 도리이는 시내에서
긴카쿠지, 난젠지 등으로 가는 버스를 타면 자주 보게 되는
데다가 어쩐지 뻔한 관광 코스 같아서 찾는 것을 생략하곤
한다. 하지만 여기도 역시 정원을 봐야 한다. 넓고, 다채롭다.
모든 계절을 다 잘 쓰는 정원이다. 3년에 한 번 꼴로는 가게
되는데 갈 때마다 놀라게 된다. '여기가 이렇게 좋았지' 하고.

신엔神苑이라고도 불리는 헤이안진구의 정원은 몇 개의
구역으로 나뉘어 있다. 구역마다 심은 나무나 작정 방식이 다

다르다. 그래서 각 구역을 반복해 돌면서 관람 경로를 따라 구경하기를 권한다.

1895년에 건립된 이곳은 당시 수도였던 헤이안의 응천문과 대극전을 그대로 본떠 지었다고 한다. 이곳에서는 일본 전통 결혼식이 많이 치러지는데, 일요일 정오 즈음에 오면 거의 항상 볼 수 있다.

헤이안진구가 가장 붐비는 계절은 말할 것도 없이 벚꽃 피는 봄과 단풍이 지는 가을로, 특히 벚꽃이 핀 봄의 정원은 다른 곳처럼 느껴질 정도다. 가와바타 야스나리는 소설 《고도》에서 이곳의 벚꽃이 교토의 봄을 대표한다고 해도 과언이 아니라고 표현했다.

"꽃을 남김없이 다 보고 싶어요" 하고 치에코가 말했다. 서쪽 회랑 입구에 서자 온통 흐드러지게 피어 있는 분홍빛 벚꽃 무리가 봄을 느끼게 했다. 이것이야말로 봄 그 자체였다. 축 늘어진 가느다란 가지 끝에 여덟 겹의 분홍꽃이 흐드러지게 피어 있다. 나무가 꽃을 피웠다기보다는 가지가 꽃들을 떠받쳐주고 있다고 표현하는 것이 맞을 것 같다.

"이 근처에서는 이 꽃들이 제일 좋아요."

이 뒤로는 꽃이 여성적이네 어떻네 하는 가와바타 야스나리 특유의 탐미주의적인 묘사가 이어진다. 꽃도 꽃이지만 헤이안진구는 거대한 연못과 그 가운데를 가로질러 관통하는 회랑이 압도적이다. 회랑에는 앉을 수도 있게 되어 있는데 거기 앉아서 물과 나무, 날아다니는 새를 보고 있자면 이보다 더한 호사는 없다.

헤이안진구 탐험의 1막은 여기까지. 2막은 근처의 식당과 그릇 가게가 기다리고 있다.

ⓘ ✽ **헤이안진구**

JR교토역 앞에서 5번, 100번 버스를 타고 오카자키코엔비쥬쓰칸(岡崎公園美術館) / 헤이안진구마에(平安神宮前) 정류장에서 하차, 북쪽으로 도보 5분
@ 입장 시간 경내 06:00~17:30 / 신엔 08:30~17:00, 연중무휴 (단, 시기별로 개방 시간이 제각각이니 사전에 홈페이지에서 개방 시간을 꼭 확인하고 갈 것) 입장료 경내 무료 / 신엔 600엔, heianjingu.or.jp

✳✳✳✳✳✳✳✳✳✳✳✳✳✳✳✳✳✳✳✳✳✳✳✳

교토 시내에서 저렴한 가격으로 묵을 수 있는 호스텔

✳✳ 피스 호스텔 산조

피스 호스텔 산조(ピースホステル三条)는 내가 교토에서 가장 좋아하는 동네에 위치해 있다. (호스텔 이름의 피스는 peace가 아닌 piece다. 귀엽기도 하지.) 가와라마치역에서 내리면 걸어서 20분 정도의 거리인데 조식을 무료로 먹을 수 있다. 시설이 깔끔하며, 10인 도미토리도 있으니 숙박비를 아끼고 싶다면 추천. 니시키 시장 근처이기도 해서 식사에도, 쇼핑에도 정말 편리하다. 호스텔 이용 역사상 가장 깔끔하며 교통이 좋은 곳에 위치해 있다.

피스 호스텔은 교토역 근처에도 지점이 있다. 피스 호스텔 교토점인데, 여기도 피스 호스텔 특유의 깔끔한 외관부터 친절한 스태프까지 모든 걸 전부 갖추었다.

@ 주소 京都府京都市中京区朝倉町530, 트리플룸 11,100엔·트윈룸 9,000엔·10인 도미토리 2,900엔(평일, 1박 기준), www.piecehostel.com

✳✳ 모자이크 호스텔 교토

교토역과 가까운 도지역(同時駅) 근처에 있는 모자이크 호스텔 교토(モゼイクホステル京都) 역시 시설 면에서나 교통 면에서나 추천하는 곳

이다. 피스 호스텔 산조와 마찬가지로 트윈룸과 패밀리룸도 이용 가능하며 4인실도 있다.

@ 주소 京都府京都市南区西九条春日町4-1, 4인룸 16,000엔·5인 패밀리 캡슐룸 14,000엔·트윈룸 7,000엔·8인 도미토리룸 3,300엔, www.mosaichostel.jp

호스텔 외에도 캡슐 호텔 두 곳이 또 절묘한 위치에 있는데, 산조역 근처의 퍼스트캐빈 교토 가와라마치산조(ファーストキャビン京都河原町三条)와 시조역 근처의 센츄리온 캐빈 & 스파 교토(センチュリオンキャビン&スパ京都)다.
나는 이제 호스텔은 잘 가지 않는다. 늙고 병들어서, 이제는 방 안에 세면 시설과 화장실이 있어야 편리하니까. 좁은 방은 참아도 공용 욕실은 못 견디는 사람이 되고 말았다. 호스텔이나 캡슐 호텔에는 싱글룸이 없는 곳이 많다. 싱글룸이 있는 몇 안 되는 경우에도 욕실은 공용이다. 어쨌거나 나의 사랑은 비즈니스호텔.
언젠가 고급 료칸인 호시노야 교토(星のや京都)나 리츠 칼튼 교토의 가모가와가 내다보이는 방에 묵을 날도 있겠지. (쓴웃음)

＊＊＊＊＊＊＊＊＊＊＊＊＊＊＊＊＊＊＊＊＊＊＊＊

3

작은 자유는 여기 있다

* 마음과 취향을 알아주는
  가게와 볼거리들

8 케이분샤

◆ 시센도

11 로쿠　◆ 헤이안진구

7 츠타야

◆ 난젠지

5 무린안

4 교토부립식물원

가모가와 강

◆ 니시키 시장

9　**10 르 노블**

나카가와마사시치쇼텐

◆ 본토초

◆ 마루야마 공원

6 야사카진자

◆ 기요미즈데라

2 산토리 맥주 공장

3 아사히맥주 오야마자키 산장 미술관

1 산토리 야마자키 증류소

✳ 교토의 취향별 가게와 볼거리

1 산토리 야마자키 증류소

2 산토리 맥주 공장

3 아사히맥주 오야마자키 산장 미술관

4 교토부립식물원

5 무린안

6 야사카진자

7 츠타야 북스 오카자키점

8 케이분샤 이치조지점

9 나카가와마사시치쇼텐

10 르 노블

11 로쿠

● 주당을 위한 놀이터 *

산토리 야마자키 증류소, 산토리 맥주 공장,
아사히맥주 오야마자키 산장 미술관

사랑은

먼 옛날의

불꽃이

아니다

― 산토리 올드 위스키 광고 카피 중에서

교토에는 주당들을 위한 놀이터, 산토리 야마자키 증류소サン
トリー山崎蒸溜所와 산토리 맥주 공장京都サントリービール工場, 그리고
아사히맥주 오야마자키 산장 미술관アサヒビール大山崎山荘美術館이
있다. 산토리 야마자키 증류소와 산토리 맥주 공장은 술을 마
실 수 있는데 사전 예약을 해야 한다.

나를 처음 두 곳으로 데리고 갔던 현지 지인도 그랬지
만, 몇 번이나 다른 일행들과 가게 되면서 알게 된 게 있다. 견

학은 둘째 치고 공짜 술을 마시러 가는 사람들이 생각보다 꽤 많다는 것이다. 왜, 술 마시러 가는 술꾼들 분위기 있잖나. 평일 오후 2시쯤 노령의 현지인 남성 서넛이 가벼운 차림으로 기분 좋게 맥주 공장까지 가는 셔틀버스를 타는데, 막상 견학 내내 듣지도 않고 딴짓을 한다. 그러다 시음 코스가 시작되면 분위기가 돌변, 다들 '행복의 나라'로. 야마자키 와인들이 세계적으로 품귀 현상을 빚게 된 현실까지 떠올리면 견학 코스에서 위스키를 준다니, 이보다 더 좋을 순 없다.

산토리 야마자키 증류소는 1923년부터 일본을 대표하는 야마자키, 히비키 등의 위스키를 생산하고 있다. 홋카이도北海道 오타루小樽에 있는 닛카 위스키 증류소와 더불어 일본을 대표하는 (그리고 세계에서 손꼽히는) 곳이다.

맥주를 좋아한다면 맥주 공장으로, 위스키를 좋아한다면 증류소로 가면 될 일이다. 예약 인원이 다 함께 견학을 출발해서 그 마지막 순서로 시음을 하기 때문에 시음만 할 수는 없게 되어 있다는 점을 감안하면 시간을 꽤 많이 잡아먹는 일정이 된다. 즉, 하루에 1차로 맥주, 2차로 위스키, 이런 코스를 잡는 건 거의 불가능하다. 어떻게 맥주 찔끔 마시고 돌아오느냐고 묻는다면 이렇게 되묻는 수밖에. 한국식 술 문화, 이대로 괜찮은가요?

개인적으로는 위스키 증류소 견학을 더 좋아한다. 특히 여름철에는. 위스키 증류소의 견학 코스에는 위스키가 보관된 창고 견학이 포함된다. 증류소 위치 자체가 산의 맑은 물이 흐르는 지역에 위치해 있는데 나무로 된 창고 내부는 여름에도 서늘한 편이다.

게다가 위스키가 담긴 나무통은 공기가 통하게 되어 있어 여름에 기온이 올라가면 뭐랄까, 위스키 원액이 더 격하게 호흡하는 느낌이다. 선선한 창고 내부에 나무 향과 위스키 향이 어우러져 가득 차니 이 향을 말로 다 할 수 없다. 술을 좋아하는 사람이라면 '아마 낙원의 향기가 있다면 이것이 아닐까' 싶으리라. 나가고 싶지 않을 정도로 근사하다. 술을 못 마시는 지인은 이 향만으로도 약간 취했다.

위스키 시음 때는 스트레이트와 물을 섞은 미즈와리 중에서 선택할 수 있다. 하지만 나에게 위스키 증류소를 처음 알려준 사람이 일러주길, 야마자키 증류소를 즐기는 법은 시음이 아니다. 증류소 견학을 마친 뒤 가는 1층에 위스키 바가 있는데, 여기는 유료 판매소다. 다양한 종류의 위스키를 잔으로 마실 수 있고, 일반 바에 비하면 거의 원가에 가까운 가격이다. 그러니 평소에 마시기 어려운 고가의 위스키를 여기서 마시면 된다는 말이다.

위스키 바를 이용할 때는 그런 이유로 비싼 위스키를 고르게 되는데, 그 값을 온전히 느끼느라 아무것도 없이 스트레이트로 마시고 나면 숙소로 돌아가는 길이 가관이다. 특히 여름에 위스키 마시고 집에 갈 땐 나부터가 그렇다. '신난 주정뱅이들이 야마자키의 고요한 시골길을 더럽히고 있어……' 하는 생각밖에 들지 않는다. 하지만 정말 기분이 좋은걸. 좋은 술을 대낮에 몇 잔이나(시음 때 이미 두 잔을 마셨고 위스키 바에서 마신 것까지 더하면…… 알아서 계산하시길.) 마셨는데도 아직 하루가 남았어! 해가 지지 않았어! 맥주는 배나 부를 뿐이지! 역시 위스키야! 마스터 어디 갔어?

아사히맥주 오야마자키 산장 미술관 건물은 다이쇼에서 쇼와 초기에 세워진 영국식 산장인 본관과, 안도 다다오가 설계한 지중관(일명 땅속의 보석 상자), 산수관(일명 꿈의 상자)으로 구성된다. 본관인 야마자키 산장은 원래 가가 쇼타로의 별장이었다. 가가 쇼타로는 간사이 지역의 금융업을 비롯한 다방면에서 사업가로 활동했고 이 산장에서 식물도감을 발행하기도 하는 등…… 말하다 보니 너무 부러워서 더 이상 말을 이을 수가 없는데, 어쨌거나 그는 닛카 위스키 창업에 참여했고 아사히맥주 주식회사의 초대 회장과도 친분이 있었다고 한다. (참고로 이 지역은 가쓰라강桂川, 우지강宇治川, 기즈강木津川이 합류하는 곳이다.)

가가 부부가 세상을 떠난 뒤 아파트 단지가 들어설 뻔한 우여곡절도 있었으나 지역 유지들의 보존 운동 끝에 아사히맥주 주식회사가 산장을 복원했고, 1996년부터 미술관으로 공개하게 되었다는 긴 사연이 있다. 방문해보면 그런 결정이 얼마나 많은 이들을 복되게 하는지 깨닫게 된다. 일단 거부의 별장을 구경하는 기분이라는 점이…….

전차역에서 걸어가는 길이 꽤 오르막이라 한여름에 갔다가 쓰러지는 줄 알았다. (그때는 내가 건강상의 문제로 고생 중이기는 했으니 겁먹을 필요는 없다.) 전차역까지 무료 셔틀버스가 다니기도 하니 시간을 미리 알아보고 가면 좋다. 지중관에서는 모네의 〈수련〉을 볼 수 있는데 〈수련〉 관람만을 위해 만들어진 전용 공간의 아우라가 있다. 〈수련〉 외에도 조각 작품이며 미술 작품이 곳곳에 있어서 천천히 감상하며 산책하기 좋다.

또 정원을 비롯해 꽤 넓은 부지가 눈길을 사로잡고, 본 관 내부의 나무로 된 마루부터 괘종시계, 커피숍으로 운영되는 테라스, 가구들까지 집 구경하는 재미가 쏠쏠하다. 계절을 바꿔가며 찾아갈 만하다. 위스키 증류소와 함께 연결해 관람해도 좋은데, 두 곳을 다 본다고 생각하면 하루를 꼬박 잡아먹는 일정이 된다. 증류소부터 미술관까지 그다지 가까운 거리가 아니기도 하고.

ⓘ ⁑ 산토리 야마자키 증류소

JR교토역에서 도카이도·산요 본선 탑승 후 야마자키(山崎)역에서 하차, 도보 8분

@ 견학 정보 10:00~16:00 사이에 7회(가이드와 공장 견학 없이 위스키 관만 견학, 무료)·09:50~14:50사이에 5회(공장 견학 후 시음 코스, 80분, 1,000엔)·14:30~16:10 1회(공장 견학 후 시음 코스, 100분, 2,000엔), 연말연시·공장 휴무일을 제외하고 매일 진행(단, 100분 코스는 토요일 및 공휴일만 진행), 사전 예약 필수(홈페이지에서 2달 뒤 일정까지 예약 가능), www.suntory.co.jp/factory/yamazaki

ⓘ ⁂ 산토리 맥주 공장

JR교토역에서 도카이도 · 산요 본선 탑승 후 나가오카교(長岡京)역에서 하차, 셔틀로 8분(홈페이지에서 버스 시간 확인)

ⓐ 견학 정보 10:00~15:15 사이에 8회(공장 견학 후 시음 코스, 70분, 무료) · 10:45~16:00 사이에 2회(앞의 코스에 강좌 추가, 90분, 무료), 연말연시 · 공장 휴무일을 제외하고 매일 진행, 사전 예약 필수(홈페이지에서 2달 뒤 일정까지 예약 가능), www.suntory.co.jp/factory/kyoto

ⓘ ⁂ 아사히맥주 오야마자키산장 미술관

JR교토역에서 도카이도 · 산요 본선 탑승 후 야마자키(山崎)역에서 하차, 셔틀로 5분

ⓐ 입장 시간 10:00~17:00(16:30에 입장 마감), 월요일(월요일이 공휴일인 경우에는 화요일) · 연말연시 · 기타 임시 휴관일 휴무, 입장료 900엔, www.asahibeer-oyamazaki.com

⁂ ⁂ 다혜's PICK

시내에서 위스키를 마신다면 본토초에 갈 만한 술집이 많이 있다. 학생들이 많이 가는(모리미 도미히코의 소설 속 인물들이 자주 가는!) 곳들은 가격이 저렴하며, 저렴한 곳은 보통 잔술이나 칵테일 가격을 문 앞에 게시해둔다. 그와 더불어 내가 추천하고 싶은 곳은 교토 시청 근처인 교토 호텔 오쿠라(京都ホテルオークラ) 2층에 있는 바 치펜데일(バーチッペンデール)이다. 여기서 규카츠산도를 파는데 그게 별미다. 꼭 칵테일을 곁들여 먹을 것. 뭘 시켜도 후회할 일은 없다.

@ 바 치펜데일: JR교토역 A정류장에서 시내버스 4번 또는 5번, 17번, 104번, 205번 탑승 후 교토시야쿠쇼마에(京都市役所前) 정류장에서 하차, 도보 3분/영업시간 14:00~24:00, 칵테일 1,100~1,600엔·규카츠산도 2,200엔(소비세 별도), 16:45부터는 1인당 324엔의 자릿세 부과, www. hotel.kyoto/okura/restaurant/chippendale

더위를 쫓는 모험 *
교토부립식물원과 도요테이

이 시나리오(《꽁치의 맛》)를 집필하는 중에 오즈 (야스지로) 군의 어머님이 돌아가셨는데, 그 장례를 끝내고 다시 다테시나에 왔을 때의 일기에 오즈 군은 이렇게 쓰고 있다. "이미 하계는 난만한 봄, 흐드러진 벚꽃, 어디를 가도 산만한 나는 〈꽁치의 맛〉으로 번민하다. 벚꽃은 누더기처럼 우울하고 술은 센부리 풀처럼 창자에 쓰다."

— 오즈 야스지로,《꽁치가 먹고 싶습니다》(마음산책) 중에서

나는 원래 여행지에서 동물원 방문하기를 좋아했었다. 한갓진 평일의 동물원을 걷는 일만 한 도락이 없었다. 동물 배설물 냄새가 여기저기서 풍겨오는 특유의 생동감도 좋고. 그래, 그걸 '생동감'이라고 생각했던 때는 동물원을 좋아했었다. 대전 동물원에서 탈출한 퓨마 사살 소식이 있기 전부터, 멸종 위기종을 보호한다는 명분에도 불구하고 동물원이 불편하고 어

려워지기 시작했다.

갑자기 늘어난 체험형 동물원의 동물들이 스트레스를 받아 이상행동을 보였다는 사건들을 접하면서부터였던 것 같다. 말을 못하는 동물들이 갇혀 구경거리가 되는 일에 정신 질환을 앓을 수 있다고 생각하고 나서는 동물원에 가지 못한다. 갇힌 동물들의 눈을 보고 있기보다 비슷한 종끼리 옹기종기 모여 뾰족거리는 선인장 보기가 더 즐거워졌다. 그래서 식물원에 간다. 식물들아, 너희들은 괜찮은 거지?

식물원에는 다종다양한 나무와 꽃이 있다. 그리고 식물마다 이름과 학명이 적힌 나무패가 함께 있는데, 튤립과 치자꽃은 구분해도 철쭉과 진달래는 구분하지 못하는 나 같은 사람에게는 식물원이 최고라고 느껴지는 부분이다. 이름 익히는 재미가 있을뿐더러, 어느 꽃이 어느 계절에 속해 있는지, 어느 꽃을 보려면 몇 월에 방문하면 되는지 등을 쉽게 알 수도 있다. 식물이 바람에 움직이는 때가 아니고서는 소리를 내지 않는다는 점, 식물을 보러 온 사람들도 식물에게 자기 쪽을 보라고 소리를 지르지 않으며 대체로 조용하다는 점 역시내가 '식물원 러버'가 된 사유에 들어간다.

십대에는 이런 즐거움을 잘 몰랐다. 동물복지에 관심이 생겨서뿐 아니라 나는 점점 더 식물이 마음 편한 사람이 되는 듯하다. 하지만 식물은 아직 나에 대해 같은 정도의 호감을 갖고 있지 않은 모양이다. 나는 선인장만 세 번을 죽이고 당분간 살아 있는 식물은 집에 들이지 않기로 했다. 차선으로, 죽은 식물이라고 할 수 있는 꽃 시장의 꽃을 철마다 잔뜩 사다가 한동안 열심히 꽂았다. 그런데 일이 많아지면서 물 갈아주고 줄기 다듬어줄 시간이 없게 됐고, 어느 날 방에서 흙가 냄새가 났다. 꽃이 전부 그만…… 그만하자.

여름에 어디선가 시간을 보내야 한다면 누구라도 실내를 꼽겠지만, 그해 초여름의 더위 속에서 나는 꽃구경을 가기로 했다. 그때 나는 건강상의 문제를 겪고 있었고, 뭘 해도 즐겁지 않았다. 더위는 벌써부터 지긋지긋했다. 회사에서도 골치 아픈 문제가 속을 썩였다. 사실 여행도 가고 싶지 않았는데 집에 있는 건 더 싫어서 갔던 것뿐이었다. 그러고 나니 뭘 하겠다는 의욕이 다 꺾인 채 더위에 신음하는 판이 되어 고민을 거듭하다가 더위 속으로, 밖으로 나가기로 했다. 별로 즐겁지 않은 마음으로.

정약용은 〈더위를 이겨내는 여덟 가지 방법〉이라는 시를 썼는데, 에어컨이 없던 시절의 사람이라는 점을 감안하면, 과연 지혜롭다 싶은 시다. 그의 더위를 이겨내는 방법은 하나, 나무를 깎아 바람을 통하게 한다. 처마 끝 풍경이 살랑대며 맑은 소리 울리게 하고, 집 옆 푸른 단풍나무가 붉어질 일을 기다린다. 둘, 둑을 터서 물을 흐르게 한다. 단, 비가 퍼부을 때는 넘치기 전에 적절히 물길을 열어주어야 한다. 셋, 소나무 아래를 마루로 삼는다. 그늘을 찾아 그곳에서 쉬라는 말이다. 넷, 처마에 넝쿨을 올린다. 넝쿨이 처마를 타고 있으면 빗방울도 적당히 막아지고 달이 떠오를 땐 줄기 사이로 달빛이 새어든다.

즉, 정약용의 여름 돌파 노하우는 실내에 있지 않고 실외에 있다. 정확히는 실내와 실외에 걸친 공간에 있다. 다시 한번 말하지만, 에어컨이 없었으니까 그랬을 터다. 그래서 나는 에어컨으로부터 벗어나 꽃밭으로 향했다. 수국과 장미를 비롯해 수많은 꽃이 심어진 거대한 꽃 정원을 볼 수 있으리라는 기대와 함께. 교토부립식물원京都府立植物園에서의 한나절은 그렇게 시작되었다.

4월엔 물망초와 튤립, 벚꽃이 말도 안 되게 피어 있는 모습을 볼 수 있다. 벚나무도 (누가 식물원 아니랄까 봐) 품종별로 있다. 5~6월에는 작약이 가득 피는 작약원이 볼 만하다. 매화원과 장미원은 말할 것도 없고. 7월에는 작은 오솔길을 따라 여러 종의 수국 사이를 걸을 수 있다. 침엽수가 늘어선 조경수원은 여름에 특히 인상적이다. 여름의 숲이 갖는 무성한 검은 그늘이 좋다. (물론 침엽수는 다른 나무들이 추위를 피해 잎을 떨군 겨울에 더 돋보이겠지만……)

식물원에는 사람보다 나무가 더 많은데, 겹겹이 나무가 선 저 뒤편으로 히에이잔이 보인다. 식물원을 거대한 정원이라고 한다면, 손댈 수 없는 자연 그대로를 잘 쓰는 것이야말로 그 정원을 완성하는 화룡점정일 것이다.

ⓘ ＊＊ **교토부립식물원**

JR교토역 A정류장에서 시내버스 4번 탑승 후 기타야마(北山) 정류장에서 하차, 도보 6분
@ 입장시간 식물원 09:00~17:00·온실 10:00~16:00, 12월 28일~1월 4일 휴무, 입장료 200엔, www.pref.kyoto.jp

교토부립식물원 가장 깊은 곳에서 월하미인까지 구경하는 신선놀음을 마치고 나면, 식사는 걸어서 5분쯤 걸리는 도요테이(東洋亭) 본점을 추천한다. (식물원으로 목적지를 정했던 때 나의 뒤숭숭했던 마음은 맹렬한 허기로 대체되었고, 그곳에 도요테이 본점이 있었다.) 도요테이는 이곳 본점에서 1897년부터 영업을 시작했는데, 오르되브르로 나오는 둥근 토마토 샐러드(통으로 한 개가 나온다)만 먹어도 도요테이에 와서 식사를 한다는 실감이 들 정도다.

도요테이 본점에 들어가면 카운터 맞은편에 이 토마토가 짝으로 보관되어 있어, 전채라고는 해도 이 식당에서 얼마나 중요한 존재인지 바로 알 수 있다. 뜨거운 물에 데쳐 껍질을 벗긴 뒤 차갑게 식힌 토마토를 참치 샐러드 위에 얹어 내온다. 이곳의 가장 유명한 요리는 구운 감자와 함께 나오는 함박스테이크로, 은박지에 싼 채 나오면 은박지를 벗겨낸 뒤 잘라 먹는다.

동물복지 때문에 식물원 간다고 해놓고 갑자기 함박스테이크 먹는 얘기로 빠지니 앞뒤가 영 안 맞는 느낌이 들지만, 핑계를 대자면 식물원에서 도요테이까지의 길도 걷기 좋다. (10분이 채 안 걸린다.) 식사를 마치고 숙소로 돌아오고 나서야, 그날 기분이 영 별로여서 식물원에 갔다는 사실을 기억해냈다.

@ 도요테이 본점: 런치 11:00~17:00·디너 17:00~22:00(라스트오더 21:00), 함박스테이크 런치 세트 1,300~2,000엔·디너 코스 2,500엔~, 예약 가능(단, 디너 타임에만), www.touyoutei.co.jp

● 심심파적의 비원 *

이웃이 없는 집, 무린안

내 것은 아무것도 없다.
마음의 평화와 바람의 상쾌함 말고는

— 고바야시 잇사

나는 심심한 상태를 좋아한다. 여행하는 이유 중 하나가 '심심하려고'일 정도니까. 서울에서는 대체로 욕망에 휘둘리는 사람으로 살고 있다. 할 일이 없는 날은 없고, 할 일이 없는 하루가 생길라치면 불안하고, 몇 푼이라도 입금되면 쓰고 싶고, 건강한 생활 습관은 대체로 귀찮다. 때우듯 하루하루를 살다 보면 시간이 훌쩍 흘러 있다. 그런 삶에, 나는 몹시 익숙하다. 서울에서는 아무것도 하지 않는 심심한 상태가 이어질 때 죄 짓는 기분을 느낀 적도 있다.

여행지에서 눈을 뜨면 고민하는 일이라고는 뭘 먹지, 어딜 가지, 뭘 하지 정도다. 작은 실수 정도는 좋은 추억이 되기도 한다. 나는 교토에 대한 책을 쓰고 있고 교토는 내가 전 세계에서 가장 많이 방문한 도시이지만, 교토에 가서 뭘 하느냐고 하면 하는 게 거의 없다. 가던 곳에서 식사를 하고, 좋아하는 정원에 다시 가고, 시내를 어슬렁거리며 좋아하는 커피숍을 다니고 빵을 고른다. 그릇을 사고, 또 사고, 엇…… 또 그릇을…….

　며칠이 지나면 '집에 있을 걸 괜히 왔나' 싶은 마음도 든다. 딱 이때부터가 좋다. 뭘 해야지 하는 마음 없이 느슨하게 하루를 쓴다. 자고 싶을 때 자고 일어나고 싶을 때 일어나서 적당한 식당에서 식사를 한 뒤 목적지 없이 돌아다닌다. 헤이안진구 근처의 서점을 들르거나 그릇 가게(또 나왔군요)에 가거나, 걷다 내키면 그 길로 난젠지에 가거나 혹은 그 반대 방향으로 산책을 겸해 걸어간다. 그러면 무린안無鄰菴이 나온다. 무린안, '이웃이 없는 집'이라는 뜻이다.

　무린안은 대단한 관광지는 아니고 넓지도 않아서 굳이 돈 내고 들어갈 필요를 느끼지 않는 사람들도 많은 듯하다. 내가 이곳을 추천하는 이유는, 유럽을 동경한 일본인들의 근대 주택을 구경하는 일이 무척 매력적이라는 데 있다. 무린안에는 일본식 가옥과 서양식 가옥이 둘 다 있다. 내부 분위기는 그 각각의 분위기를 잘 살리고 있고, 서양식 가옥의 이층으로 오르는 계단참 유리창 밖으로 보이는 정원은 또 다른 분위기다. 동양 가옥에서의 정원은 '집 안'이지만, 서양 가옥에서의 정원은 중정마저도 어째서 '집 밖'의 느낌이 드는 것일까. 공간을 상상하는 법이 왜 이렇게 다른 느낌을 주는 것일까.

일본의 양식 가옥의 또 하나의 재미는 나무다. 실내에 쓴 나무들. 실내에 나무를 아끼지 않고 썼는데, 거기에 스테인드글라스를 끼우거나 괘종시계를 배치하거나 다리가 우아하게 휘어진 입식 의자들이 테이블 주변으로 늘어선 광경이 제법 근사하다.

비와호에서부터 끌어온 수로가 집 안으로 뻗어 들어가 근사한 물길을 만드는 이 집은, 대체로 붐비는 일이 없고 정원을 보고 앉으면 그렇게 고요할 수가 없다. 특별한 계절에 맞추는 법 없이 무린안 앞을 지날 때면 사시사철 그냥 들어가곤 하는데, 사람이 적은 날일수록 오래 머문다. 하염없이 정원을 보고 앉아 있다.

시간이라는 게 인간의 편의를 위해 구획 짓고 순서를

나누어놓은 개념이라면, 과거도 현재도 미래도 없는 중에 우리는 어딘가에 존재하고, 시간은 그렇게 영원히 멈추고 다시 흐른다면……. 우리가 어떤 순간을 영원으로 인식한다면. 사랑에 빠진 순간처럼 사랑에서 빠져나온다면, 그리고 이 모든 것이 그저 눈 한번 깜빡하는 찰나의 일이라면…….

그 정원에는 언제나 봄이, 여름이, 가을이, 겨울이 있다. 개인의 사유지가 만들어낼 수 있는 쾌락과 여유, 호화로움과 소박함이 있다. 모든 계절을 다 보았으니, 어느 계절에 가도 나는 정원을 보고 앉아 모든 계절의 흔적을 읽어낸다. 졸졸 흐르는 물소리를 들으며 산책을 하던 어느 날엔가는, 내가 좋아하는 꽃내음이 났다. 치자꽃이다.

공원의 가장 안쪽에 치자나무가 몇 그루 있다. 치자나무는 꽃이라기보다 종이처럼 느껴지는, 두껍게 느껴지는 흰 꽃잎에, 요사스러울 정도로 화려하고 진향 향을 뿜어낸다. 정원 깊은 곳에서 혼자 우두커니 서서 바람을 기다렸다. 꽃내음을 더 맡고 싶어서.

대중교통을 이용해 교토를 큰 별 모양으로 휘젓고 다니다 보면 언제나, 봄이라 행운이거나 여름이라 다행이거나

가을이라 행복하거나 겨울이라 복된 삶이라는 생각을 하곤 한다. 무린안은 넓지 않고 붐비지 않아서 그런 생각을 더더욱 많이 하는 곳이다. 걷다가 지쳤을 때 정원을 보고 앉아서 물소리를 듣는다. 시간이 멈췄는지, 아니면 더 빨리 흐르는지 모를 일이다.

ⓘ ※ **무린안**

JR교토역 A정류장에서 시내버스 5번 또는 100번 탑승 후 오카자키코엔비쥬쓰칸·헤이안진구마에(岡崎公園美術館·平安神宮前) 정류장에서 하차, 도보 5분

ⓐ 입장 시간 12~3월 08:30~17:00(각 30분 전에 입장 마감) / 4~6월, 9~10월 08:30~18:00 / 7~8월, 11월 07:30~18:00(11월은 17:00까지), 12월 29일~31일 휴무, 입장료 410엔, www.murin-an.jp

여름이 아니면 언제? *

기온마쓰리 전야제, 요이야마

얼마나 운이 좋은가
올해에도
모기에 물리다니!
— 고바야시 잇사

야사카진자가 주관하는 기온마쓰리는 교토가 한창 더운 7월 17일에 열린다. 그 절정에 '야마호코'라고 불리는 꽃수레 행진이 있다. 더운 철 더운 날의 행사. 산 모양의 장식 단이 있는 야마형의 꽃수레, 그리고 장대가 있는 호코형의 꽃수레 등 32대의 수레가 교토 중심가를 행진한다. 장마가 끝난 뒤의 후텁지근한 날씨, 젖은 담요를 뒤집어쓰고 사우나에 앉아 있는 듯한 더위에 숨이 막히는데 가마 행진이라니 보기도 버겁지만, 장관 앞에서는 더위도 한풀 꺾이는 듯하다.

하지만 기온마쓰리를 즐기는 진짜 방법 중 하나는 전

야제다. 7월 16일 저녁부터 한밤까지 이어지는 전야제 요이야마. 요이야마에는 교토 각 지역별로 제등이 걸리고, 야마호코에서도 이튿날 있을 행진의 리허설이 열린다. 3층 높이의 야마호코는 건물 안에 둘 수 없어서 밖에 세워 놓기 때문에 좋은 구경거리가 된다.

요이야마에는 이 야마호코를 볼 수 있도록 가라스마 교차점 근처에 야마호코 위치를 표시한 지도를 나눠주는 사람들이 서 있다. 시조가와라마치의 로프트 매장 1층에서도 기온마쓰리 기념품과 야마호코 위치를 표시한 지도 등을 판매한다. 하지만 길가에 '주차된' 야마호코를 구경 다니는 일은 어디까지나 선택 사항에 불과하다. 전야제에는 그 이름에 맞게 모든 것이 다 있다.

요이야마에는 한밤중까지 축제의 중심이 어딘지 알 수 없을 정도로 교토 시내 전체가 달아오른다. 모리미 도미히코가 《요이야마 만화경》에 쓴 "이름이 기온제니 기온의 야사카진자가 본거지라는 것을 이론상으로는 알아도, 축제가 종횡무진으로 만연해 있으니 어느 방향에 야사카진자가 있는지조차 아리송했다. 축제가 흐릿하게 빛나는 액체처럼 찰랑찰랑

퍼져 나가 거리를 삼켜버렸다"라는 말처럼 교토는 축제 빛깔로 밤을 물들인다.

모르긴 몰라도 교토 사람들은 전부 길거리로 나오는 듯하다. 해질녘이면 시조 거리부터 차례로 교통이 통제되고, 야사카진자에서 시작된 사람들의 행렬은 끝이 없다. 차도가 인파에 묻혀 사라지니 어디가 어딘지 분간하기가 어려워진다.

요이야마에는 제대로 식사하기를 반쯤은 포기한다. 그냥 길거리를 어슬렁거리는 일이 제일 재미있고 노점이 워낙 많으니 거기서 먹고 마시는 편이 재밌다. 목적이라고는 없이 걷고 또 걷고 한 손에는 부채, 한 손에는 맥주든 물이든 들고. 밤 11시까지 이어지는 전야제 속에 녹아내린다. 길거리는 유카타를 입은 사람들로 넘친다. 밤의 알록달록함이 눈부시다. 참고로, 유카타를 입는 데는 원칙이 하나 있는데, 오른쪽 옷깃이 위로 올라가게 입으면 안 된다. 죽은 사람에게만 그렇게 입힌다고 한다. 마이클 부스의 《오로지 일본의 맛》(글항아리)에 나오는 설명이다.

야사카진자부터 시작하든 가라스마오이케鳥丸御池 역

인근부터 시작하든 상관없지만, 어디서든 그만둘 수 있도록 야사카진자부터 시작하는 편이 좋겠다. 신사의 밤은 축제의 본거지답게 밝게 반짝인다. 오미쿠지를 타인이 직접 뽑아주는 행사가 있는가 하면 금붕어 건지기, 인형이 걸린 사격 등 구경꾼을 유혹하는 각종 노점이 선다. 겉보기에는 '노점이 온 거리로 확대되었을 뿐'이지만 걷다 보면 그게 다가 아님을 알 수 있다. 요이야마를 완성하는 것은 사람들이다. 이들의 흥청망청한 기분이 노점에서 만들어진다. 저녁을 노점에서 먹고, 여기저기 노점을 기웃댄다. 다들 사진을 찍고 길거리에서 맥주를 마신다. 그렇게 길을 따라 걷다 보면 마계의 빛 같은 광채를 볼 수 있다. 그게 야마호코다. 화려하게 장식된 꽃수레에 축제용 제등을 매달아놓은 모습이 장관이다. 제법 높고 꽤나 화려하다. 저 멀리서부터 야마호코가 빛나는 모습이 걸을수록 가까워진다. 그리고 소리가 더해진다.

사무실과 명품숍이 즐비한 시조가라스마의 거리에도 징과 피리 소리가 울려 퍼진다. 야마호코에 사람들이 빼곡히 올라 있는 모습이 보인다. 이튿날 행진을 위한 리허설이다. 초여름 풍물시. 일본 전역에 이 풍경이 중계된다. 관광객들은 기온마쓰리라고 하면 낮의 야마호코 행진만을 떠올리겠으나, 전야제야말로 교토인의 놀이, 그 자체라는 느낌이 든다.

> 야마호코는 기온 축제의 상징이다. 그럼에도 우리는 기온 야사카진자에서 참배만 하고 "딱히 재미있는 것도 없네"라며 지레짐작하고서는 야마호코도 보지 않고 돌아가 버렸다. 멍청한 것에도 정도가 있다.

《거룩한 게으름뱅이의 모험》에 나온 이 말을 보지 않고는 교토인의 정서를 알 수 없으리라. 축제 소리가 들리고, 축제의 빛이 보인다. 그렇게 어디까지고 이어진다. 야사카진자에서 쉬엄쉬엄 30분쯤 걸어 가라스마 교차점에 도착하면 거기부터는 더하다. 그 거대한 교차로의 온 사방이, 차 한 대 없이 사람들만으로 북적인다. 그리고 또, 시선 저 끝에서 빛나는 야마호코가 보인다. 이래서는 잠들 수 없다. 모리미 도미히코는 다시 이렇게 썼다.

> 북동쪽의 교토 미쓰이 빌딩, 북서쪽의 어반넷 시조가라

스마 빌딩, 남서쪽 시조가라스마 빌딩, 남동쪽 교토 다이야 빌딩이 하늘을 지탱하는 기둥처럼 서 있다. 동서남북 어느 쪽으로 가더라도 광활한 빌딩가의 계곡을 관광객들이 오가고, 노점 전구 불빛이 밤 밑바닥을 빛낸다. 동쪽에는 언월도 호코, 서쪽에는 함곡 호코와 달 호코가 우뚝 솟아 있고 엄청난 군중이 뒤섞이고 기온 음악이 울려 퍼진다. 여기서 하늘은 땅에 가까워지고 시간의 흐름은 멈춘다. 이곳을 '시조가라스마 대교차점'이라 경의를 담아 부르도록 하겠다.

밤에는 시원해져서 놀기 좋냐고? 교토의 더위는 만만하지 않다. 밤 11시에도 여전히 덥고, 바람이 없다. 서 있기만 해도 땀이 줄줄 흐른다. 다들 한 손에는 부채를 들고 있다. 하지만 더위에 더위로 맞서는 일이 기온마쓰리와 요이야마다. 모든 게 활활 뜨겁게 불타고 있다. 이러니, 여름이 아니면 언제?

ⓘ ✷✷ **야사카진자**

JR교토역 D정류장에서 시내버스 86번 또는 100, 106, 110, 206번 탑승 후
기온(祇園) 정류장에서 하차, 도보 2분

@ 입장 시간 24시간 개방, 연중무휴, 입장료 없음, www.yasaka-jinja.or.jp

● 책을 산다는 일 **

츠타야와 케이분샤

가시혼야는 책을 지고 다니면서 빌려주는 세책업자였습니다. 이들은 에도(지금의 도쿄), 교토, 오사카 등 여러 도시에서 활동하며 주로 통속소설이나 어린이 그림책 등을 취급했습니다. 가시혼야는 책을 빌려주기만 한 것이 아니라 독자의 반응을 출판사와 작가에게 전해서 책의 내용을 바꾸거나 돈벌이가 될 만한 작품을 출판하도록 했는데, 이런 점에선 편집자적 기능도 했다고 할 수 있지요.

— 김이경, 《살아 있는 도서관》(서해문집) 중에서

김이경의 《살아 있는 도서관》을 보다가 가시혼야에 대해 알게 되었다. 에도 시대에 성행했다는 책 대여상, 고객이 가게로 오기를 기다리는 대신 직접 찾아가는 서비스였던 셈이다. 인쇄술의 발달로 우키요에 같은 목판화가 인기를 끌던 때라, 당연히 삽화를 곁들인 통속소설이 이런 대여점의 큰 인기 상품이었다.

　아이러니하게도 약간 발달한 인쇄술은 출판물의 인기를 불러오지만 족한 정도를 넘어 흔해진 인쇄술은 출판물의 인기 하락으로 이어지는 듯하다. 요즘 세태에 대한 이야기다.

　글도, 음악도, 영상도, 이제는 무료로 질릴 때까지 볼 수 있다. 종이책에서는 더 이상 인테리어 이상의 용도를 떠올리지 못하는 사람도 많다. 서울의 많은 대형 서점들이 '츠타야에서 영감을 얻었다'라고 하면서 식음료매장에 집중해 인테리어를 바꾸거나 새로 오픈하는 모습을 보게 된다. 책을 벽면 가득 쌓아 올린 방식의 인테리어도 이제 한두 곳이 아니다. 한복판에 거대한 책상을 들여놓아 독서실처럼 이용하게 하는 서점이 있는가 하면, 구매하지 않은 새 책을 식음료매장에서 읽다가 제자리에 돌려놓고 떠나면 되는 서점도 있다.

　책은 돈 받고 파는 물건이다. 사지 않은 스마트폰의 포장을 뜯어 사진 찍어볼 수 없다는 것을 이해하는 사람은 많지만, 새 책에 대해서라면 그렇지 않은 것 같다. 책이 '마음의 양식'이라는 말, 그래서 책 도둑은 도둑도 아니라느니 하는 말이 생기고야 마는 판 역시 이상하다.

저런 기기묘묘한 서점들은 하나같이 츠타야를 벤치마킹 했다고 하는데, 여기저기의 츠타야를 다녀본 입장에서 그들이 츠타야에서 책을 사봤는지가 궁금하다. 인테리어를 즐기고 식음료매장도 이용 가능한 복합 문화 공간이 아니라, 책을 팔고 사는 공간으로서의 체험이 부족해 보여서. 고객들이 찍을 사진에만 잘 나오면 무슨 책이 있는지는 중요하지 않은 걸까? 이것은 책에 국한된 문제가 아니다. 남의 돈벌이 수단을 무단으로 점유해 그것으로 취미 활동도 하고 돈벌이도 하며 사는 일이 21세기식 스마트함인 듯하니.

출판과 서점 문화가 발달했다는 도시들의 서점에 가보면 작지 않은 규모의 서점들이 매대 큐레이션에 신경 쓴다는 게 어떤 뜻인지 쉽게 알 수 있다. 그런 의미에서 교토의 서점 중에 소개하고 싶은 곳은 헤이안진구 근처의 츠타야 북스 오카자키京都岡崎蔦屋ブックス점과 그 유명한 케이분샤다.

츠타야는 도심 인근에, 케이분샤는 일부러 찾아가야 하는 위치에 있다. 두 곳 역시 그렇다. 비를 피하러, 시간이 남아서, 심심해서, 인테리어가 좋아서 등 아무튼 책을 사러 간 건 아니었는데 '책 구경을 하다 보니 두서너 권 사고 말았다'

는 일이 자연스럽게 생기는 곳. 물론, 일본어를 하지 못하면 굳이 일본에서 책을 살 이유는 없다. 그런 관광객을 위해 엽서부터 에코백, 심지어 찻잔 같은 소품도 판매하고 있으니까. 소품도 가게의 분위기에 맞춰 들여놓는다.

교토 츠타야 리빙 코너에서는 작은 접시 전시를 한 적이 있다. 여러 도예가들의 작은 접시를 리빙 코너 한복판 매대에 잘 보이게 전시하고, 당연히 판매도 하는 식이다. (나는 부처님 손바닥처럼 생긴 작은 그릇을 구입했다.) 케이분샤에 갔을 때는 책 표지 작업을 자주 하는 일러스트레이터의 굿즈, 포스터, 일러스트집을 판매하는 매대가 설치되어 있었다. (나는 일러스트집과 엽서를 구입했다.) 쓰다 보니 나는 그냥 평범한 '호갱님'인 건가.

다른 모든 츠타야 매장과 마찬가지로 교토의 츠타야도 스타벅스 매장과 이어지는 구조로 되어 있다. 츠타야가 교토 코너를 제외하고는 도쿄 다이칸야마 등의 매장과 크게 구분되지 않아 아쉽다면, 케이분샤를 추천한다.

1975년에 창업한 케이분샤는 교토를 대표하는 서점 중 한 곳이다. 도심에서 북쪽에 위치해 있으며, 발품을 꽤 팔아

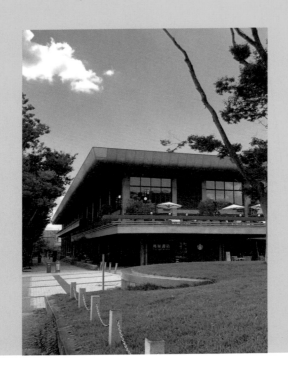

야 한다. 한여름에 버스에서 내려 걸어가다가, 그리고 다시 정거장까지 걸어오다가 어지럼증을 느꼈을 정도다. 관광지라기보다는 주택가에 있는 곳이니 너무 더운 계절에는 생수 한 통 정도 들고 가시길.

케이분샤도 체인점으로 니시오지西大路점, 밤비오バンビオ점, 이치조지一乘寺점으로 교토 시내에만 지점이 세 곳 있는데, 이 중 이치조지점이 가장 손꼽힌다. 2010년에는 영국 〈가디언〉지가 발표한 '세계 베스트 서점10'에도 선정되었다. 교토 대학, 교토 조형 예술 대학, 교토 세이카 대학, 교토 공예 섬유 대학 등 여러 대학에 둘러싸인 동네에 위치한 케이분샤는 소형 서점이라고 부를 규모는 아니다.

소품이며 문구, 엽서 등의 물건도 팔고 있지만 어디까지나 책을 대하는 자세가 인상적이다. 애초에 이치조지점은 출판 부수나 발매 시기에 구애받지 않고 자체적으로 실시한 조사 결과에 따라 출판사에 직접 주문하는 방식으로 구매를 진행했다고 한다. 케이분샤에서 오랫동안 점장으로 지낸 호리베 아쓰시가 《거리를 바꾸는 작은 가게》에서 밝힌 이야기다. 그가 밝힌 경험담을 보면 《해리 포터》 2권이 나올 때 고민 끝에 진열했으나 거짓말처럼 한 권도 팔리지 않았다고 하니, 서점과 손님의 색깔이 닮은꼴이었던 모양이다. (베스트셀러는 팔지/사지 않아. 판다/산다 해도 여기서는 안 팔아/사.)

그림책 작가 요시타케 신스케가 한국을 찾았을 때 행사 진행을 한 적이 있다. 그의 말에 따르면, 특별히 동네 서점에 재고가 없는 경우가 아니라면 동네 서점에 마실 가듯 찾아가 책을 고른다고 했다. 책을 파는 매대가 서점 주인의 승부수라면, 어떤 책을 골라 계산대에 올려두는지는 자신의 승부수라고.

그는 반쯤 농담을 섞어, 계산대에 책을 올려두며 "자, 내가 고른 책을 봐라" 하는 생각을 한다고 말했다. 책을 좋아한다는 일은 어느 정도 허영을 동반하는 게 사실이라면서 말이다. 특별한 서점을 찾아가는 일 역시 마찬가지이리라. 어디서 사든 그 책은 그 책이지만, 그 책이 놓여 있던 풍경이 모든 것을 다르게 경험하고 느끼게 만든다. 가방이 너무 무거워지지 않게 책을 들었다 놓았다 몇 권을 추리며, 오늘도 수트케이스에 책 무게를 더한다.

ⓘ ⁑ **츠타야 오카자키점**

JR교토역 D정류장에서 시내버스 206번 탑승 후 히가시야마니조 · 오카자키

코엔구치(東山二条 · 岡崎公園口) 정류장에서 하차, 도보 3분

@ 영업시간 08:00~22:00, 연중무휴, www.real.tsite.jp/kyoto-okazaki

ⓘ ⁑ **케이분샤 이치조지점**

JR교토역 D정류장에서 시내버스 206번 탑승 후 타카노(高野) 정류장에서 하

차, 도보 6분

@ 영업시간 10:00~21:00, 연중무휴, www.keibunsha-books.com

살림은 싫지만 살림 도구는 좋아 **

데누구이와 후킨의 매력

···장인들의 도구에 대한 애착에는 일종의
정신병적인 징후가 있어 ···
— 안도 다다오, 《안도다다오의 도시방황》(오픈하우스) 중에서

안도 다다오의 이 말은, '서투른 목수가 연장 탓한다'는 속담
대로라면 장인은 연장을 '밝히지 않는' 태도의 소유자여야
하나 실제로는 그렇지 않다는 말이다. 오히려 도구 쓰는 일을
하는 사람일수록 손에 익은 연장을 고집하는 경우가 많고, 손
에 맞는 연장을 맞춤 제작하느라 심혈을 기울이는 일도 심심
찮게 볼 수 있다.

교토에 있는 식당 주인이기도 한 노령의 일식 요리사
는 니혼슈를 데우는 중탕기를 비싼 값에 주문 제작해서 쓰고
있었다. [그에 대해 물었다가 술 온도를 맞추는 일의 섬세함
과 술에 곁들이는 음식과의 조화(음식에 곁들이는 술이 아니

라는 점에 주목) 등 30분은 족히 설명을 들었던 기억이 난다.]

유럽 작가들의 서재에서는 부러 맞춘 넓고 큰 책상이라든가, 이제는 부속을 구하기도 힘든 타이프라이터를 보게 되곤 한다. 꼭 비싼 물건이 좋다는 뜻은 아니다. 대부분의 나라에서 전통 기술을 사용해 물건을 만드는 사람들이 사라져가므로 공들여 만든 좋은 물건이 비싼 값에 거래될 뿐.

하지만 내 경우에, 연장 탓을 하는 것은 역시 내가 장인보다는 서투른 목수에 가깝기 때문일 거다. 이유야 어쨌든지 손에 쥐는 연장은 일의 진행에 사소하지만 결정적인 영향을 끼치는 게 사실이니까. 나는 글을 쓰기 위해서건 읽고 교정보기 위해서건, 그때 쓰는 필기구나 공책에 심하게 집착하는 버릇이 있다. (그러고 보니 이건 직업병도 장인 정신도 아닌, 그냥 불치의 문구중독인가?)

생각이 절로 옮겨진다는 느낌이 들 정도로 잘 써지는 펜과 무슨 말이든 쓰고 싶게 만드는 공책, 그런 마물이 어딘가에 있으리라는 믿음도 가지고 있다. (그러니까 파랑새는 있고, 산타클로스는 부모님의 거짓말이 아니고, 어딘가에는 그런 환상적인 필기구가 있다고!)

(이 글을 쓰는 2019년 기준) 내가 가장 선호하는 필기구 조합은 무지의 0.38mm 펜과 미도리 노트다. 미도리 노트 중에서는 휴대가 편하도록 얇게 중철 제본된 것을 사서 쓰는데, 특히 여행지에서 들고 다니며 필요한 사항을 그때그때 메모하기에 좋다. 하지만 무지의 펜과 노트는 이제 한국에서도 살 수 있기 때문에, 내가 일본에서 나도 쓰고 선물도 할 겸 가장 많이 사게 되는 물건은 바로 후킨, 행주다.

가격이 싸고, 쓰고 버리기에도 아쉽지 않아 편하기로 따지면 무지의 행주 묶음도 요긴하나, 부엌에서 핸드 타월을 겸해 그릇 닦을 때 쓰기로는 후킨만 한 것이 없다. 특히 나라에 가면 후킨을 꼭 사게 되는데, 나라 지역은 직물 제조로 유명해 나라후킨이라고 따로 부를 정도다. 물론 나라까지 가지 않아도 나라후킨을 사는 데는 문제가 없다.

나라에서 즐겨 찾는 소품샵 중 하나로는 나카가와마사시치쇼텐中川政七商店이 있다. 나라가 본점인 이 매장은 교토 시내와 오사카 시내를 포함해 일본 전국 대도시에 분점을 두고 있다. 1716년에 포목점으로 시작한 가게인데 나라 본점에 가면 패브릭 제품을 다양하게 볼 수 있고, 지점에는 없는 독특한 패턴의 패브릭을 살 수도 있다.

교토에 가면 산조 교차로에 있는 쇼핑몰 라크LAQUE 지하에 있는 지점에 가서 쇼핑을 한다. 후킨이 여러 디자인으로 있어서 선물용으로 자주 구입하는데, 도라에몽 같은 캐릭터 디자인도 있고, 크리스마스라든가 하는 계절 특선 디자인도 있어서 매번 새롭다. 처음에 살 때는 빳빳하지만 세탁하면 부들부들해지는 게 특징이다.

나카가와마사시치쇼텐에서 산 것 중(내가 사본 물건이 어디 한둘이겠는가마는……) 후킨과 더불어 특히 유용하게 사용 중인 물건이라면, 크기가 다양하고 색상이 예쁜 여행용 파우치와 한 봉지 단위로 파는 작은 집게가 있다. 집게는 커피나 차 봉지를 봉하는 용도로 자주 사용하는데, 인터뷰를 하러 간 김정연 작가(《혼자를 기르는 법》의 저자) 집에도 같은 물건이 있어서 혼자 내적 반가움을 느낀 적이 있다. 편리하기로 따지면 다른 집게보다 우월하지는 않으나 디자인이 깔끔하고 색상이 은색이라 눈에 거슬리지 않아서 좋다.

나카가와마사시치쇼텐에서 자주 사는 또 다른 품목 중에는 아기 용품이 있다. (솔직히 말하면 이 가게의 물건 중에

안 써본 것은 거의 없을 정도다. 발톱깎이와 안경 케이스를 포함해서……) 특히 나무로 깎은 장난감류는 보기만 해도 마음이 즐겁다. 이곳의 옷, 양말, 손에 쥐고 노는 각종 장난감류를 선물해서 아기가 안 좋아하는 경우를 거의 못 본 듯하다.

일본에서 많이 사고, 많이 선물한 또 다른 물건은 데누구이다. 데누구이는 수건, 보자기, 노렌(상점의 출입구나 방 입구에 거는 장식용 천 제품)용 걸개로 쓰이는 물건이다. 데누구이는 교토 시내는 물론, 큰 절 근처나 교토역의 기념품 숍 등에 다양하게 있다. 교토 외의 지역에서도 쉽게 구입이 가능하다.

데누구이 전문점 중에 관광객을 대상으로 하는 가게들은 유명한 절이나 교토 타워 같은 교토의 상징물이 그려진 물건을 주로 판매하는데, 앞서 말한 나카가와마사시치쇼텐을 포함한 시내 가게들에 가보면 계절별로 새 디자인이 나온다. 나카가와마사시치쇼텐의 나라마치奈良町점에서는 나라를 상징하는 불상과 사슴이 그려진 아름다운 데누구이를 판매하며, 한여름에는 불꽃놀이 디자인이 많이 내걸린다. (일본의 한여름 대표 행사답다.) 계절별로 다르게 피는 꽃을 넣어 디자인한 데누구이도 많다.

　　나는 데누구이를 사서 방에 장식으로 걸어둔다. 데누구이를 걸기에 가장 좋은 장소는 바로 냉장고 옆면인데, 허옇고 훤한 부분에 자석으로 고정해두곤 한다. 일본식 주택에는 '도코노마'라고 부르는 장식용 벽감이 있다. 벽의 한 켠을 바닥보다 문지방 높이 혹은 무릎 정도로 높게 만든 뒤 살림살이를 놓지 않고 벽에는 족자를, 바닥에는 화병이나 도자기 같은 장식물을 한 점 정도씩 놓는 공간이다.

　　료칸에 가면 흔히 볼 수 있는 비운 공간이다. '마'라는 말 자체가 '틈'이라는 뜻이기도 하고. 다른 곳은 복닥거려도 마음 편히 비워놓고 삶을 상찬하기에 가장 쉬운 공간이 바로 냉장고 옆면이었다. 처음 독립해서 물건 없이 휑하니 걸어둘 액자 하나 없었던 때, 나는 계절마다 바꿔가며 데누구이를 걸었더랬지.

✲ ✳ 다혜's TIP

데누구이는 선물용 보자기로도 유용하다. 데누구이 전문점은 사용법, 즉 데누구이로 각종 물건 싸는 법 등이 적힌 유용한 설명서를 가져갈 수 있게 비치해

두기도 하니 참고할 것.

① ✼ **나카가와마사시치쇼텐라쿠에 시조가라스마점**

JR교토역 D정류장에서 시내버스 26번 탑승 후 시조가라스마(四条烏丸) 정류
장에서 하차, 도보 2분 (산조 교차로에 있는 LAQUE 쇼핑몰 지하)
@ 영업시간 10:30~20:30, 손수건 400~900엔 · 데누구이 1,500엔 전후,
연중무휴, www.yu-nakagawa.co.jp/p/205

부엌에 놓는 그림 **

갤러리 그릇 쇼핑

만약 가타쿠치의 생활기록부란 게 있었다면, '마음이 온순하고 힘이 세다. 넉살 좋게 나서진 않지만 여차 싶을 때 의지가 된다. 남녀 모두에게 인기가 있다'라는 평가가 쓰였을 것이다.

— 히라마쓰 요코, 《손때 묻은 나의 부엌》(바다출판사) 중에서

시작이 무엇이었더라. 내가 기억하는 첫 단추는 지우개 수집이었다. 초등학교 저학년 때, 지우개의 세계에 빠져들었다. 1980년대라 종류가 다양하지 않았음에도 한국 지우개를 기본으로, 일본과 미국 지우개까지 58개를 모았다(개수를 기억하는 건 아니고 대충 때려 맞췄음을 여기서 고백하는 바다).

용돈이 많지 않았기 때문에 나는 지우개 따 먹기 기술을 연마했다. 피도 눈물도 없었다. 못 보던 지우개가 있으면 어떻게든 손에 넣어야 했다. 밤에 눈을 감으면 지우개가 둥둥

떠다녔다. 내 컬렉션이 방대해질수록 엄마는 화를 냈고 키가 150센티미터를 넘기던 어느 날, 나는 지우개와 사랑에 빠진 채 사는 건 유아적이라는 결론에 봉착했다. 그리고 엽서의 세계를 발견했다. 이때까지만 해도 그게 문제라는 생각은 하지 않았다. 그땐 그랬다.

　　나는 요 몇 년 그릇을 사는 데 돈과 시간을 쓰고 있다. 교토에서 수세미와 빗자루 제작 외길을 걸어온 명인이 만든 빗자루와 수세미를 사고 행복하던 때도 있었다. 산조역 인근의 나이토쇼텐이 그곳인데, 여기서 산 작은 빗자루는 제법 잘 쓰고 있다. 고양이도 개도 아닌 주제에 진공청소기를 한번 돌리면 정신이 사나워서 일부러 간단한 방청소를 위해 사온 물건이다. (지금은 동생네 집에 있다.) 수세미도 몇 종이 있는데 써본 결과 편리하지는 않았다. 그런데도 이 가게에 들어설 때마다의 온화한 인상이 좋아서 늘 방문한다. 다음에 빗자루 한 자루 더 사 와야지.

　　참고로 빗자루를 살 때 주인인지 직원인지 하는 분의 설명에 따르면, "수십 년을 써도 빗자루 끝이 자연히 닳아 짧아질 뿐, 얼마든 잘 쓸 수 있어요"라고.

아, 그릇 이야기를 하기로 했지. 그릇 쇼핑은 이 책의 다른 부분에서도 몇 번 말했지만 따로 독립해 설명하는 이유는 르 노블Le Noble과 일본 도자기를 취급하는 갤러리들을 말하기 위해서다. 시조가와라마치와 시조가라스마 중간의 대로변에 위치한 르 노블은 마이센, 헤렌드, 로얄코펜하겐을 비롯해 여러 나라의 유명한 그릇들을 취급하는 곳이다. 언젠가 직원 설명에는 한국도자기도 있다고 했는데, 지금도 있는지는 모르겠다. 1층부터 층마다 브랜드를 나누어 전시 중이고 교토 시내의 다이마루 백화점이나 다카시야마 백화점에 있는 매장과 비교하면 가격이 저렴한 편이다. 종종 세일을 하고 소비세 면세도 받을 수 있어서 나쁘지 않은 가격에 그릇을 장만할 수 있다. (백화점에서 유럽 브랜드 그릇을 찾는다면 다이마루보다는 다카시야마로 가자. 나는 그곳에서 구경밖에 할 수 없었지마는⋯⋯.)

일본 그릇이며 찻잔을 사기에는 백화점도 괜찮다. 교토에서 그릇 쇼핑을 하려면 그릇을 전시하고 판매하는 갤러리를 개별적으로 돌아야 하는데, 아무래도 발품을 팔아야 하는 노릇이기 때문이다. 백화점이나 갤러리에서 도예가의 그릇을 사면 그 그릇을 만든 작가의 이름과 약력이 들어간 종이를 넣어준다. 그러니 일본 그릇이 궁금한데 무작정 갤러리부터 다니는 게 부담스러운 사람은 백화점의 그릇 매장을 먼저 돌고 갤러리를 한 곳씩 다니면 좋다.

일본 그릇을 한두 개 사서 놓으면 집의 다른 그릇들과 호흡이 잘 맞지 않는 인상을 받을 수 있다. 특히 좋고 비싼 그릇일수록 투박한 질감을 살린 경우가 많은데, 집의 매끈한 그릇들 사이에 한두 개 덜렁 놓여 있으면 영 맛이 안 산다. 그릇 쇼핑 자주 한 사람이라면 잘 알 테지만, 일단 집의 그릇을 먼저 생각하고 그릇 쇼핑을 해야 한다. 고가의 그릇을 처음으로 한두 개 기념 삼아 구입한다면, 단독으로 사용 가능한 그릇을 먼저 사면 좋다. 대표적으로 찻잔, 맛차 찻잔(두 손으로 들 수 있는 크기의 다구를 사용), 국수나 덮밥류를 담기 좋은 큰 사발 등이 그렇다.

교토 시청 인근의 갤러리 히타무키ギャラリーひたむき, 교토 야마혼京都やまほん, 교토 시청 맞은편 뒷골목 마루야초丸屋町의 갤러리 니스이ギャラリー而水가 자주 방문하는 곳들이다. 차분하게 그릇 구경을 하다 보면 왜 이런 가게들이 갤러리라고 불리

는지 알 수 있다. 일단 그릇을 취급하는 곳 중 갤러리라고 불리는 곳에서는 작가의 이력부터 주요 작품까지 설명을 들을 수 있다. (백화점과 마찬가지로, 작가의 약력을 쓴 종이를 그릇과 함께 넣어준다.) 공산품이 없다는 말이다. 당연히 가격도 시장과는 다르다.

회화작품을 전시하는 갤러리와 차이점이 있다면, 한 작가의 작품만 전시하는 경우는 드물고, 여러 작가의 작품을 선별해 내놓는다는 데 있다. 수작업으로 만드는 그릇이기 때문에 같은 도안의 여러 작품이 있다 해도 전부 다를 수밖에 없다. 구입하겠다고 하면, 같은 도안의 여러 작품을 전부 꺼내와 그림의 미세한 차이를 보고 직접 고르게 한다. 나무로 만든 작품의 경우는 작품마다의 나무결이 다 다른 모양이라는 식이다.

그릇 안에 자연을 구현하는 경우, 자연을 그대로 살려 형태를 잡아야 귀한 대접을 받는다. 그러니 외양이 투박하면서도 손에 쥐기 좋은 그릇이 더 고가에 거래되는 셈이다. 별거 아닌데 싶어서 가격을 봤다가 몇십만 엔을 호가하는 경우도 드물지 않다. 하지만 고가의 그릇만 있는 것은 아니고 어느 갤러리든 (비교적) 쉽게 구입할 수 있는 그릇들부터 구비하고 있다.

내가 꼭 방문하는 그릇가게는 헤이안진구 근처의 로쿠ㅁ〃다. 관광지나 식당가로부터는 15분 안팎을 걸어야 도착할 수 있는 곳이지만, 여행을 기념할 만한, 너무 흔하지 않고도 만듦새가 좋은 그릇을 살 수 있는 곳이다. 생활용품도 같이 취급한다.

일본 그릇에 대해서도 할 얘기는 더 있다. 일본의 전설적인 미식가이자 요리사였던 기타오지 로산진은 그릇과 요리는 떼려야 뗄 수가 없다고 강조하며 직접 그릇을 만들어 쓰기도 했는데, 일본 그릇 중 재밌는 것이 가타쿠치다. 가타쿠치는 원래 주방도구였다. 그릇을 좋아한다면 식문화와 라이프스타일에 대한 글을 쓰는 히라마쓰 요코의 《손때 묻은 나의 부엌》을 읽어볼 만한데, 이 책 설명에 따르면 원래 가타쿠치는 술, 간장, 기름, 식초 같은 액체 조미료를 주둥이가 좁은 유리병에 옮겨 담을 때 쓰는 주방 도구다. 술을 큰 도쿠리에 받아와 작은 도쿠리에 옮겨 데워 마셔야 했는데, 그런 때 가타쿠치를 썼다는 것이다.

가타쿠치는 사발 모양에 주둥이가 달린 모양인데, 옮겨 담을 일이 사라지자 자취를 감추다가 술잔용으로 다시 각광받기 시작했단다. 기본적으로 밥사발 정도 크기라서 주거니 받거니 술잔을 기울일 때 쓰지 않고 혼자 마시는 술에 어울린다는 특징도 있다. 그런데, 가타쿠치는 그릇으로서의 멋도 갖추고 있다. 도기의 멋 자체가 가타쿠치인 것이다. 삐죽 튀어나온 그릇이므로, 식탁에 놓으면 독특한 리듬을 만든다. 그냥 텅 빈 선반 위에 하나 얹기만 해도 운치가 생긴다. 쓸모도 있고 멋도 있으니, 이 어찌 좋지 않겠는가.

✳ ✳ 다혜's TIP

꽃을 좋아하는 사람이라면 이런 갤러리에서 꽃병에도 주목하시길! 한 아름 가득 꽂는 꽃병이 아니라 한 송이 두 송이 정도를 소박하게(이 경우는 꽃봉오리가 너무 크지 않은 꽃들이 주로 사용되며, 드라이플라워를 꽂기도 좋다) 꽂아 두는 작은 꽃병들이 많다.

ⓘ ✳ 르 노블 교토 시조 본점

JR교토역 A, B, C정류장에서 시내버스 5번, 101번, 26번 탑승 후 시조가라스마(四条烏丸) 정류장에서 하차, 도보 5분
@ 영업시간 11:00~20:00, 연중무휴, www.le-noble.com

ⓘ ⁑ 로쿠

JR교토역 D정류장에서 시내버스 206번 탑승 후 구마노진자마에(熊野神社前) 정류장에서 하차, 도보 2분

@ 영업시간 13:30~19:00, 수요일 및 기타 임시 공휴일 휴무, www.rokunamono.com

* *

손 탄 물건의 매력, 앤티크 숍 쇼핑

일본 고미술품은 내가 건드릴 수 있는 재정적 환경에 있지를 못해 잘 모르겠으나, 그래도 내가 자주 다니는 앤티크 숍 두 곳을 소개해볼까 한다.

* * 앤티크 벨

앤티크 벨(ANTIQUE belle)은 교토 시청 근처에 있는 가게로, 나는 이 가게에 있는 6만 엔짜리 쟁반을 몇 달 째 노리는 중인데, 6만 엔을 쟁반에 쓰는 나 자신을 상상하는 데 실패해 매번 그냥 돌아오고 있다.

앤티크 숍을 구경하는 재미 중 하나라면 역시 직원의 설명이 아닐까 한다. 갈 때마다 여성 직원의 응대를 받는데(주인은 따로 있는 것 같다), 가장 최근에 산 나무 그릇의 경우는 "이 나무를 다룰 줄 아는 장인 분이 이제 돌아가셔서……"까지 듣고 "살게요!"를 외치고 말았다. 소품들도 제법 볼 만한 게 많이 있다. 걸쇠가 망가졌다는 이유로 3천 엔 정도에 구입한 나무상자도 있다. 작은 그릇들은 천편일률적인 디자인이 아니라 좋다. 아마 앤티크 숍의 매력이 그런 거겠지. 요즘 유행하는 디자인이 아니니까 그 시차에서 오는 매력이 있다.

한국에서는 손 탄 물건을 싫어하는 경우도 많이 보기는 했다. 나는 남이 먹다 버린 음식이 아닌 다음에야 손 탄 물건에 별 생각이 없는 편이다. <애나벨> 같은 공포 영화를 보면 잠시 무서워지기는 하지만, 그럴 때는 악령이 깃든 물건을 더 적극적으로 상상하며 공포를 극복하는 편이다.

6만 엔짜리 곱고 고운 쟁반을 샀는데 거기에 머리를 곱게 빗은 할머니 귀신이 함께 오신다거나······.

@ 앤티크 벨: JR교토역 A정류장에서 시내버스 4번 또는 5번, 17번, B정류장에서 104번 또는 205번 탑승 후 시조가와라마치(四条河原町) 정류장에서 하차, 도보 3분/영업시간 12:00~19:00, 연중무휴, www.antiquebelle.com

✳︎ ✳︎ 소우겐

소우겐(Sowgen)은 앤티크 벨에서 시조 거리 방향으로 도보 5분 정도 걸리는 위치에 있다. 일본 물건은 거의 취급하지 않으며, 사실 물건이 다양하지 않은 편이다. 안쪽에 있는 카페는 식사와 커피 모두 추천할 만하며, 그 중간에 있는 매장에서는 다양한 소품을 판다. 북유럽 빈티지 찻잔도 판매하는데 종류가 다양한 편은 아니지만 적당한 가격에 팔고 있다.

직원인지 주인인지 알 수 없는 남자분이 매번 응대하는데, 물건을 구경하는 동안에는 손님을 보는 둥 마는 둥 하다가 계산하러 가면 팔기 아깝다는 투로 물건의 장점을 이것저것 늘어놓는다. 이것도 앤티크 숍의 재미 중 하나. 하나밖에 없는 물건을 파는 입장이니 아쉽다면 아쉬울 수밖에 없는 노릇이리라.

나무로 테두리를 만들어 붙인 오래된 세라믹타일을 샀을 때는 "그냥 타일이 아니라 나무를 덧댄 것이 이 물건의 특별한 점이고 이런 건 흔히 볼 수 없어요"라고 했고, 북유럽 빈티지 찻잔을 한 조씩 세 세트를 샀을 때는 "세트를 맞추지 않고 각각 하나씩 놓는 것도 제멋대로인 매력이 있어서 좋지요"라고 했다. 하지만 물건이 다양하거나 새로 업데이트되는 주기가 잦은 곳은 아니다. 그럼에도 그 가게 특유의 분위기가 좋아서 매번 들르는 편.

@ 소우겐: JR교토역 A정류장에서 시내버스 4번 또는 5번, 17번, B정류장에서 104번 또는 205번 탑승 후 시조가와라마치(四条河原町) 정류장에서 하차, 도보 7분 / 앤티크 벨에서 남쪽으로 도보 7분 / 영업시간 11:30~19:00(소품 숍)·11:30~19:30(카페&바, 라스트오더 19:00), 매달 두 번째 수요일 휴무, www.sowgen.com

✳ 다이키치와 고미술나가타

교토 시청 뒤쪽에 있는 다이키치(大吉)와 고미술나가타(古美術ながた)는 앞서 설명한 가게들보다 고가의 골동품을 취급한다. 그 골목의 번화가랄 수 있는 양과자점 무라카미 가이신도(村上開新堂)와 일본 차 전문점 잇포도차호(一保堂茶舗)로 가는 길에 있다. 골동품들에는 제작자가 따로 명기된 나무상자가 딸려 있기도 하다. 당연히 가격도 그에 비례해 높은 편이다.

@ 다이키치: JR교토역 A정류장에서 시내버스 4번 또는 5번, 17번, 104번, 205번 탑승 후 교토시야쿠쇼마에(京都市役所前) 정류장에서 하차, 도보 5분 / 영업시간 11:00~18:30, 월요일 휴무

@ 고미술나가타: JR교토역 A정류장에서 시내버스 4번 또는 5번,

17번, 104번, 205번 탑승 후 교토시야쿠쇼마에(京都市役所前) 정류장에서 하차, 도보 5분 / 다이키치에서 북쪽으로 도보 1분 / 영업시간 10:00~18:00, 비정기 휴무, www.kobijutsu.net

＊＊＊＊＊＊＊＊＊＊＊＊＊＊＊＊＊＊＊＊＊＊＊＊

4

온몸이 녹신녹신해지는 맛

* 치장하지 않아 더욱 완벽한
  교토의 음식

가모가와 강

◆시센도

◆헤이안진구   **7 그릴 고다카라**

6 야마모토멘조 우동

5 오카키타 우동

◆난젠지

14
스마트커피

산조역

12 라 마드라그   **10 로쿠요샤**

13
위켄더스커피

2 신신도

1 시즈야

◆본토초

◆마루야마 공원

8 로안 기쿠노이

9 마츠바 본점

기온시조역

11 후란소아 킷사시쓰

◆기요미즈데라

3 치리멘산쇼 가게들

4
나카무라토키치 본점

교토역

✷ 교토의 구석구석 숨은 카페와 맛집

1 시즈야

2 신신도

3 치리멘산쇼 가게들

4 나카무라토키치 본점

5 오카키타 우동

6 야마모토멘조 우동

7 그릴 고다카라

8 로안 기쿠노이

9 마츠바 본점

10 로쿠요샤

11 후란소아 킷사시쓰

12 라 마드라그

13 위켄더스커피

14 스마트커피

● 교토풍 샌드위치 *

시즈야와 신신도의 양파 든 샌드위치

교토 사람들은 속을 알 수 없다는 게 일본 내에서는 정설인
모양으로, 일본 TV 버라이어티 프로그램에서 "교토의 겉과
속이 다름을 경험한 일이 있나요?"라고 시민 인터뷰를 한 적
도 있다. 검색창에는 '교토 사람들의 속내'가 자동 완성 문구
로 뜰 정도다.

　　이런 식이다. "가게의 영업시간이 있는데 그 시간을 넘
은 상황에 방문하면, 입으로는 '괜찮습니다'라고 하지만 점
점 방 안의 온도가 내려갑니다" 혹은 "동생의 아내가 교토 사
람인데요, 굉장히 힘들었어요. 집 들어오는 날 교토의 사돈 어
르신이 '캐주얼한 복장으로 가시죠'라길래 어머니는 캐주얼
하게 입고 가셨는데, 사돈어른은 딱 부러지게 기모노를 입고

오셨대요" 등등.

웬일로 교토 사람이 칭찬을 한다면 그것은 칭찬이 아닐 가능성이 높다. 하물며 같은 '간사이 지역'으로 묶이는 오사카 사람들조차 교토 사람들의 칭찬을 경계한다. 개를 데리고 산책을 하던 중 모르는 사람이 개를 칭찬했다면 그건 무슨 뜻인가? "'좋은 아침' 대신 하는 말이 아닐까." 낯선 이들끼리 주고받을 수 있는 무난한 화제. 그런데 그 상대가 교토 사람이라면? 대답이 달라진다. "별로 좋은 느낌은 아니야", "절대 칭찬하지 않아, 교토는."

오사카 사람 중에는 개그맨이 많다. TV에 출연하는 코미디언은 특히 나이가 많을수록 압도적으로 간사이 방언을 많이 쓴다. 오사카 사람들은 말할 때 평균 목소리 볼륨이 큰 편이라 더 귀에 들어온다. 인접한 오사카와 교토(기차로 1시간이 안 걸린다)가 얼마나 다른 분위기인지를 짐작할 수 있다.

나 역시 교토 지인의 집을 방문할 때 "뭘 사 갈까요?"라고 물어보면 제대로 대답을 들은 적이 없어서, 뭘 좋아할지 고민하는 일이 정말 힘들었다. 아무거나 사 와도 좋다거나 선물이 필요 없다는 뜻은 절대 아니다. '괜찮아'라는 말을 믿으면 안 된다. 그래서 너무 힘들다…….

나는 막걸리를 사 가곤 했는데, 구하기 쉬운 막걸리만 있으면 안 된다. 척 보기에도 좋아 보이는, 포장의 격을 갖춘 술을 한 병 정도 추가로 준비해야 한다. 물론, 상대와 친하게 지낼 생각이 없다면 이렇게까지 신경 쓸 필요는 없을 것이다. 어쨌거나 상대의 마음에 들기도 무척 어려운 일이고.

내가 일본어로 말할 때 오사카 방언을 쓰면(나의 생활 일본어 교재는 일본 드라마와 개그 프로그램이었다고 해도 과언이 아닐 정도다), 다른 지역 사람들은 '어떻게 사투리를 알아!'라며 웃으면서 로버트 할리를 본 한국인 같은 표정을 짓지만, 교토 사람은 웃지도 않고 표준어로 고쳐준다. 죄…… 죄송……. 웃길 줄 알고 그랬는디예……. 어쩌면 그냥 오사카 사람들을 싫어하는 것일지도 모르지만, 아무튼 교토에서는 최소한 조용히 있으면 중간은 간다는 인상이다. 여행 가서 눈칫밥을 꽤 먹었나보다, 나.

뭘 좋아하는지 맞추기 어려운 교토 사람들이지만, 그런 그들이 좋아하는 게 확실한 빵집 체인 두 곳이 있다. 교토에도 맛있는 집은 많지만 왜인지 체인이 되는 경우는 드물다. 함박스테이크 가게인 도요테이과 이제 소개할 빵집 두 곳이 그래서 눈에 띈다.

1948년 문을 연 시즈야しずや와 1913년부터 영업한 신신도進々堂. 시즈야는 같은 이름의 빵집이 많아서인지, 간판에 'KYOTO SIZUYA'라고 써 있다. 전차 역사에 매장이 여럿 있으며, '카르네'라는 이름의 양파와 햄, 마가린이 든 간단한 샌드위치가 꽤 맛있다.

설명에 따르면 빵은 약간 독일풍의 프랑스 빵이라는데, 그게 뭔지는 모르겠지만 어쨌든 맛있다. 시즈야의 대표 상품이다. 실온 상태에 오래 두면 양파의 달콤한 아삭함이나 처음 한입 베어 무는 순간의 후추 향을 느끼기 어렵다는 점을 염두에 두면 좋다. 산조 거리에 있는 매장은 안에서 먹을 수 있도록 테이블과 의자가 넉넉하게 있지만, 보통은 포장 판매를 전문으로 하는 매장이다.

신신도는 기독교도였던 창업자가 프랑스 파리로 제빵을 공부하러 다녀와 만든 빵집으로, 교토를 대표하는 체인이다. 이쪽은 베이커리와 카페를 겸해 실내에서 먹을 수 있게

꾸민 매장이 좀 더 많다. 여기서도 카르네를 판매한다. 양파, 햄, 마가린이라는 조합은 교토풍 샌드위치의 비법인가. 신신도는 브런치를 비롯해 아예 식사 메뉴도 판매한다. 지나가다가 시즈야나 신신도의 간판이 보이면 한번 들어가 보시길.

ⓘ ✳ 시즈야 산조점

JR교토역 A정류장에서 시내버스 4번 또는 5번, 17번, 104번, 205번 탑승 후 가와라마치산조(河原町三条) 정류장에서 하차, 도보 1분
@ 영업시간 07:00~22:00, 1월 1일 휴무, 카르네 190엔·기타 샌드위치류 700~800엔, www.sizuya.co.jp

ⓘ ✳ 신신도 산조 가와라마치점

JR교토역 A정류장에서 시내버스 5번 또는 17번, 104번, 205번 탑승 후 가와라마치산조(河原町三条) 정류장에서 하차, 도보 1분
@ 영업시간 07:00~22:00(라스트오더 21:00), 연중무휴, 브런치 600~1,100엔·식사(단품 기준) 800~1,200엔, www.shinshindo.jp

● 밥에 뿌려서 한 그릇 후딱 *

찬 없는 식탁에서 최고의 대안, 치리멘산쇼

교토 여행을 하다 보면 쇼핑 품목에 츠케모노라는 각종 야채 절임을 포함시키게 된다. 일단 교토 음식을 파는 거의 모든 곳에서 츠케모노가 반찬으로 나오는 데다, 교토 야채를 이용한 츠케모노는 맛도 있고 유명하니 집에 가져가서 먹을까 싶어지는 일은 당연지사다. 문제는 츠케모노가 한국 식탁으로 가면, 손가락 한 마디만큼 올리는 식으로는 일본에서 먹던 맛을 느낄 수 없다는 데 있다. 그렇다고 많이 꺼내면 자주 먹게 되지 않으니 신기한 일이다. 반찬은 어디까지나 메인 요리와의 궁합이 중요한 음식이니까.

간단한 한 그릇 끼니를 염두에 두고 사면 좋을 반찬이 바로 치리멘산쇼縮緬山椒다. 한국식으로 말하면 말린 멸치인 치리멘에 산쇼(산초) 열매를 더해 만든다. 산초 특유의 톡 쏘는 향을 맡을 수 있으며, 먹을 때도 혀끝에 쌉쌀한 뒷맛이 남는다.

치리멘은 원래 비단을 평직으로 짜서 만든 직물로, 표면에 시보(잔주름)라 불리는 미세한 무늬가 있는 것이 특징이다. 그래서 주름이 잘 생기지 않는데, 멸치나 까나리 치어 등 작은 생선을 삶고 말리면 그 모습이 치리멘 같다는 데서 같은 명칭이 붙었다고 한다.

교토 사람들은 주먹밥에도 치리멘산쇼를 넣는데, 불꽃놀이를 보러 갈 때나 등산 갈 때, 교토의 지인이 싸 준 주먹밥은 언제나 치리멘산쇼 주먹밥이었다. 제때 못 먹은 치리멘산쇼를 처리할 때 나도 종종 주먹밥으로 해서 먹었다. 역시 멸치 말린 것처럼 쿰쿰한 냄새가 먼저 느껴지지만, 마지막에 아린 산초의 뒷맛이 남는다.

게다가 맨밥에 뿌려서 비벼 먹거나, 따뜻한 찻물(집에 있는 아무 녹차나 상관없다)을 부어 오차즈케로 후루룩 먹으면 식은 밥 해치우기로도, 해장으로도 그럴싸하다. 맨밥과 치리멘산쇼는 찬 없는 식탁에서 최고의 대안이다. 오야코동 집에 가면 테이블 위에 시치미 가루 통과 더불어 산초 가루 통을 쉽게 볼 수 있다. 느끼한 음식을 먹을 때 찬으로 곁들여도 좋다는 뜻.

길게 말하는 걸 보면 알겠지만 나는 치리멘산쇼 마니아다. 거의 갈 때마다 사 온다. 언젠가 요리사이기도 한 교토의 지인과 아침 시장에 간 적이 있는데, 가는 길이었나······, 어딘가의 빵집 앞에 차를 세우더니 샌드위치를 사 주었다. 얇은 야채 샌드위치였다. 토마토와 오이 말고는 든 것도 없었는데, 그걸 주면서 "먹을 만은 할 거야"라고 말했던 기억이 난다.

스웨그 넘치던 그 샌드위치는 내 생애 최고의 야채 샌드위치였다. 맛있는 식빵에 버터를 살짝 바르고 오이와 토마토를 얇게 썰어 소금과 후추를 살짝 뿌리기만 했는데 눈물이 날 것처럼 맛있었다. 입안에서 신선한 달콤함과 수분이 폭발했다! 그 맛을 몇 번이나 집에서 재현하려고 해봤지만 실패했다.

그 샌드위치는 그냥 토마토나 오이로 만든 게 아니고 고다와리(고집하는) 품질의 물건으로 까다롭게 만든 것이었다.

로산진은 식당을 처음 열면서 교토 출신의 요리사만 고용했다고 했는데, 그만큼 교토인들의 미각을 신뢰하기 때문이었다고 한다. '그냥' 야채 샌드위치라고 해도 토마토, 오이, 우유식빵 등 까다롭게 고르지 않은 것이 없다. 햄이나 계란은 없어서 쓰지 않는 게 아니라, 맛을 완성하는 데 필요하지 않기 때문에 쓰지 않는 셈이다.

"오늘 뭐 먹었어?"

A씨 숙소에 묵으며 매일 도장 깨기 하듯 여기저기 맛있다는 곳을 다니던 때 일이다. 매일 어디 다녀왔느냐, 뭐 먹었느냐 묻던 A씨는 유명한 식당 어디 가서 두부니 죽이니 하는 걸 먹었다고 말하면 "비싸기만 하고 맛도 없다!"라며 나를 혼냈다. 참고로 문제의 죽을 파는 두 가게는 아침죽으로 유명하고 400년 역사를 지닌 교토의 효테이瓢亭와 장어죽으로 유명한 450년 전통의 와라지야わらじや였다. 둘 다 눈이 튀어나올 만큼 비싼 요리들이고 정말 맛있었다! 그런데 별로라고 혼을 내다니. 아니, 그러면 어딜 가나요……. 어디 가냐고 물어도 별 대답은 안 해주면서 어쨌거나 거긴 아니란다.

결과적으로 알게 된 사실은, 집집마다 직접 담근 츠케

모노니, 오랫동안 거래해온 가게의 치리멘산쇼 같은 음식을 귀하게 친다는 것이다. 그래서 가끔 그런 음식을 선물로 받았는데 먹는 양도 아주 조금, 시치미를 뿌린다 해도 아주 조금, 간이 센 요리 없이 맨밥에 곁들여 먹어야 맛을 알 수 있다. 그 중에 치리멘산쇼는 특유의 알싸한 뒷맛이 있어서, 입맛이 없을 때 밥에 곁들이기도 좋다.

치리멘산쇼를 먹을 때 느끼는 건데, 한국식 반찬문화는 밥도 많이 반찬도 많이 먹는 경향이 있다. 치리멘산쇼를 비롯해서 츠케모노 모두 다, 일본 식당에서 내오는 것처럼 소량을 곁들여야 맛있게 먹을 수 있다. 이와 유사한 음식으로는 교토에서 겨울에만 사 먹을 수 있는 스구키가 있다.

교토에서는 겨울이 되면 츠케모노 취급하는 곳에서 거의 다 스구키를 취급하며, 백화점 지하에서도 당연히 구할 수 있다. 순무 절임인데, 뿌리 부분은 단무지 4분의 1 크기로 잘라 물기를 꼭 짜고, 이파리 부분 역시 물기를 짜 잘게 썰어 먹는다. 이때 간장 약간, 시치미 약간을 뿌리는데, 단무지와 비슷해 보인다고 단무지 먹듯 큼지막하게 썰어 먹으면 상큼한 맛보다는 시큼한 맛만 느끼게 된다. 조금씩 음미하며 먹어야 한다. 그것이 교토식 미식의 비결이다.

교토 시내, 특히 기요미즈데라의 니넨자카와 산넨자카 인근 골목길을 걷다
보면 가게 앞에 치리멘산쇼나 산쇼치리멘(山椒ちりめん)라는 문구를 써 붙인
집들을 보게 된다. 치리멘산쇼를 판매하거나 반찬으로 쓰는 식당들이다. 단,
치리멘산쇼는 유통 기한이 길지 않으니 너무 많이 사지 않도록 주의하자.

더위를 기다린 사람처럼 *

교토의 여름과 물양갱

그늘에서조차 땀범벅을 피할 수 없던 여름날, 교토 기온시조에 있는 한 화과자점을 일부러 찾아가 선물로 무엇이 좋으냐 물었더니 냉장고에서 미즈요캉水ようかん, 물양갱을 꺼내주던 주인 여자의 얼굴이 기억난다. 후미진 자리의 화과자점이었지만 사실은 몹시 유명한 가게였다. 숙소에서 일하는 구미코 씨에게 사다주었더니 포장을 보고 바로 "아라라라!" 하고 기뻐하면서 그 집의 여름 한정 물양갱이 최고라고 했었다.

여름의 교토에서는 어디서나 물양갱을 구할 수 있다. 동네 슈퍼에서도 팔고 백화점 지하에서도 팔고 화과자점에서도 판다. 파운드케이크처럼 길쭉한 것을 잘라먹게 되어 있는 경우도 있고, 젤리처럼 컵 하나 크기로 만들어 팔기도 한다.

기본 베이스는 끝이다. 말할 것도 없이 냉장고에 차게 해서 먹으면 맛이 좋다. 여름을 더 특별하게 만들어주는 별미가 있는 법이다.

평양냉면으로 말하자면 겨울에 먹는 것이야말로 진정한 미식이라는 주장을 들은 적도 있고 나 역시 겨울에도 자주 먹으러 가는 편이지만, 물양갱은 겨울에는 잘 팔지도 않는다. 참고로 여름 교토를 여행할 때는, 식당에서 여름 한정으로 취급하는 소면을 이용한 냉국수류도 권할 만하다. 교토가 자랑하는 야채들을 잘 손질해 시원하게 먹을 수 있는 국수들. 덥기로 유명한 교토이니만큼 여름을 날 지혜가 먹거리에도 숨어 있다.

물양갱이라는 이름을 보면 알겠지만, 일반 양갱이 지친 체력을 보강할 수 있을 정도의 당분과 꾸덕함을 자랑한다면(실제로 장거리 자전거 여행을 종종 하던 친구 말로는 비상식량으로 양갱을 싸서 떠난다고 한다), 물양갱은 훨씬 산뜻하고 수분이 많다. 젤리의 느낌에 훨씬 가깝다는 말이다.

입에 맞는지 하나만 먹어보고 싶다면 권하고 싶은 쇼핑 장소는 백화점 지하다. 지하의 식품 코너에서 매장이 벽에 붙어 있는 곳이 보통 유명한 화과자점의 체인점인데, 여름에는 매대 가장 앞쪽에 물양갱을 진열해 판다. 낱개 판매도, 박스 판매도 하니 일단 시도해보시길. 꼭 숙소의 냉장고에 넣어두었다가 차갑게 해서 먹어야 한다는 사실을 잊지 마시고.

여름의 교토에 다녀오면 낱개 포장된 좋은 물양갱을 한 박스 정도 포장해와 집에서 먹고, 선물도 한다. 그릇까지 냉장고에 넣어 차갑게 해서 물양갱을 얹어 먹으면, '여름, 제법 쓸 만하구나' 하고 감탄하게 된다. 더워서 느끼는 진미도 있다.

● 기본에 충실한 일본의 맛 *

일본 디저트

교토는 일본식 디저트 가게들로도 잘 알려져 있다. 그런데 먼
저 고백하자면 나는 디저트류를 별로 좋아하지 않는다. 한 시
간 기다려서 밥은 먹어도 한 시간 기다려서 디저트는 못 먹
겠다. 물론 말은 이렇게 해도 몇 번 기다린 적이 있기는 하다.
궁금증을 못 견뎌서.

《겐지모노가타리》의 고장으로도 알려진 교토의 우지
지역은 차로 유명하다. 특히 일본의 대표적인 녹차 산지 중
하나다. 물결이 꽤 세다 싶은 우지강가에는 《겐지모노가타
리》를 쓴 무라사키 시키부가 종이를 펼쳐 들고 앉은 모습의
석상이 있다. 나라선 우지역 쪽에서 《겐지모노가타리》 뮤지
엄이 있는 쪽으로 가는, 우지강을 건너는 다리는 확실히 사극

에 나오는 세트같이 생겼고, 나름의 운치가 있다. 이런 곳은 사진으로 찍어서는 전혀 분위기가 나지 않는다.

나는 강을 건너지 않고 무라사키 시키부 석상과 우지 강을 잠시 바라보다가 우회전해 보도인에 가는 길로 들어섰다. 양옆으로 늘어선 가게들을 열심히 살펴보았다. 점심을 먹어야 했고, 차로 유명한 곳에 왔으니 반드시 맛차와 경단이 든 팥죽을 먹어야 한다고 생각했다. 녹차의 고장답게 녹차로 만든 소바도 있었지만, 나의 혀는 어째서인지 소바와 라멘을 극도로 싫어하기 때문에 그쪽은 피하려고 노력했다. 결국 선택한 게 교토식 오벤토. 벤토라고는 해도 꽤 비싸서 2천 엔이 넘는다. 나름 미니 가이세키 요리 같은 느낌이 묻어나기 때문일까.

흥분해서 순서를 혼동했다. 먼저 보도인에 가서 구경을 했고, 나오는 길에 따뜻한 맛차와 찹쌀 경단이 든 팥죽을 사 먹었다. 맛차의 쌉쌀한 맛과 깊은 향은 화과자 같은 달달한 음식에 꽤 잘 어울린다. 게다가 그 팥죽은 따뜻하고 크게 달지도 않으며 팥의 껍데기가 살아 있는(알맹이는 녹았는데도!) 묘한 음식이었다.

찻집 안의 커다란 화로 앞에서 한 자리를 차지하고 앉아 차를 마시다가, 가게를 나와 몇 걸음 가던 중 큰 녹차 가게를 발견했다. 가게 앞에서는 녹차 시음을 할 수 있게 해주었는데, 꽤 정식으로 차를 우려내고 있었다. 생각해보면, 싼 차를 잘 우려서 손님을 꼬드기는 것만큼 좋은 장사가 어디 있겠나. 시음을 한 다른 많은 사람들과 마찬가지로 나도 '맛있다'를 연발하고(어쩜 그렇게 쓴맛이라고는 없니) 가게 안으로 들어가 '점장 추천'이라는 딱지가 붙은 차를 사 왔다. 정식으로 우리면 정말 맛있겠지만 대강 머그컵 안에 잎을 넣고 물을 부어 마셔도 엄청나게 맛있다.

우지에 가서 뵤도인을 구경하고 우지강물을 구경하고, 《겐지모노가타리》와 관련된 이것저것을 기웃거릴 수도 있지만, 나카무라토키치中村藤吉 본점을 방문하는 일은 빼먹을 수 없다. 우지에서는 소바도 녹색이다. 어느 식당에 들어가도 '여기에도 녹차가?' 싶은 메뉴가 있다. 우지에서 녹차를 즐길 때 내가 선호하는 방식은, 따뜻한 물에 갠 맛차의 쌉쓸하면서 비릿한 끝 맛을 즐기며 어지러울 정도의 단 메뉴를 곁들이는 것이다. 음료수만 두 잔씩 시킬 때도 있다. 파르페가 음료수에 들어간다면 말이지만.

녹차를 싫어하는 이들은 호지차가 들어간 메뉴를 시키면 된다. 구수한 맛이 일품인 호지차는 냉차로 마셔도, 온차로 마셔도 좋고 파르페나 아이스크림으로도 제법 맛을 낸다. 나는 호지차를 좋아해서 여름 동안 물 대신 호지차를 냉침해서 마시곤 하는데, 따뜻하게든 차게든 호지차를 맛있게 마시는 법은 (내가 아는 교토 사람들의 표현을 빌면) '찻잎이나 가루를 약간 많다 싶게' 넣는 것이다. 여름에 냉침한 호지차를 마시기 위해 서둘러 귀가한다는 생각을 할 때도 있다. 서울에는 호지차를 취급하는 곳이 없으니 더욱 그렇겠지.

교토 여름 여행을 하다 보면 냉차와 빙수, 파르페류에 열광하게 된다. 언젠가 친구와 갔던 여행에서는 쓰러질 정도로 덥다가 폭우가 쏟아지다가 하는 변덕스러운 날씨 때문에 고생이었다. 우린 힘들어서 빙수 가게에 들어갔고, 차가운 차를 한 잔 얻어 마셨다. 그 차가 너무 맛있어서 염치불구하고 세 잔을 연거푸 드링킹한 다음, 주인에게 무슨 차길래 이렇게 맛있느냐고 물어봤다. 주인은 '그냥 차'라며 당황했지만, 나는 알게 되었다. 어느 집에 가도 서비스로 내오는 냉차가 '아아, 신이시여. 맛있습니다. 여름 교토 여행은 이 냉차들을 마시기 위해서 떠나는지도요'라는 생각을 갖게 한다는 걸.

호지차를 서비스로 내오는 경우는 좋은 식당 정도이니 여하튼 차를 사다가 냉침해서 드셔보시길! 나는 보통 교토 시청 뒤편의 잇포도차호에 가서 차를 사지만, 잇포도차호의 대표 차 몇 종은 교토 시내의 모든 백화점 지하 매장에서도 구입이 가능하다. 참고로 말하면 나카무라토키치 분점이 교토역사에 있다. 굳이 우지까지 가지 않아도 된다. 거기에서는 포장한 차도 팔고 있으니 참고하면 좋다.

ⓘ ＊ **나카무라토키치 우지 본점**

JR교토역에서 JR나라선 탑승 후 우지역에서 하차, 도보 3분
ⓐ **영업시간 10:00~17:30(라스트오더 17:00), 연중무휴, 차와 음료**
400~600엔 · 디저트 600~1,000엔, www.tokichi.jp

＊ ＊ **다혜's PICK**

기요미즈데라 인근에도 디저트를 먹을 만한 좋은 곳이 있다. 일단 카사기야(かさぎ屋). 일본식 디저트를 먹을 수 있는 작은 집으로 니넨자카 근처에 있다. 관광객들이 사진을 가장 많이 찍는 곳에 작게 들어앉은 이 가게에는 젠자이, 빙수, 오하기 등을 판다. 그리고 줄이 길지도 않다. 고다이지와 야사카

진자 근처에 있는 쥬반셀(jouvencelle)이라는 교토 양과자점도 추천한다. 오픈 전부터 줄이 길게 늘어선 집이다. 여기도 체인이라 교토 시내에 매장이 몇 있으니 검색해보면 쉽게 찾을 수 있다.

● 헤이안진구는 오늘도 맛있음 *

우동집 둘과 경양식집 하나

헤이안진구에 처음 갔을 때가 생각난다. 버스를 타고 가서 헤이안진구를 보고 다시 버스를 타고 시조가와라마치로 돌아왔다. 그 뒤로는 미술관에 한 번 갔는데 역시 미술관만 보고 왔다. 기온에서 긴카쿠지나 무린안까지는 걸어서 몇 번을 왕복했는데, 그때도 긴카쿠지 공원岡崎公園이나 그 인근은 그저 스쳐 지나는 곳이었다.

그러다 동생 부부와 함께 교토 여행을 한 몇 번째인가의 날에, 난젠지 인근의 웨스틴 미야코 호텔 교토ウェスティン都ホテル京都에 머물렀던 일이 이후 나의 교토 여행을 완전히 바꿔버렸다. 동생은 호텔에서 걸어갈 수 있는 거리의 우동집과 경양식집을 하나씩 알아 왔고, 여정 중 식사 두 끼를 그곳에서

해결했다. 이 글은 그날로부터 시작하는 이야기다.

오카키타 우동岡北うどん과 야마모토멘조 우동山元麺蔵うどん
은 바로 이웃한 우동집들이다. 동물원이 있는 오카자키 공원
사거리에서 길을 건너면 두 집에 들어가려고 줄을 선 사람들
을 언제든 볼 수 있다. (사람이 없다면 야마모토멘조가 영업
하지 않는다는 뜻이다.)

야마모토멘조 우동

언제나 줄은 야마모토멘조 쪽이 더 길다. 일할 때나 운
동할 때 전혀 발휘되지 않는 나의 의지력은 모두 야마모토멘
조에 줄을 서는 데 썼다고 해도 과언이 아닐 정도다. 일본 다
베로그(지역별 맛집 랭킹 사이트)에서 전국 우동 순위 6위
에 올랐다고 하는데, 줄 하나는 진저리가 나게 섰다. 영업 시
작 1시간 전에 가서 줄을 선 적도 몇 번 있는데, 언제 가도 1시
간은 기본으로 기다려야 한다. 최근 들어서는 이름을 적고
시간대를 맞춰 재방문하게 하는 방식으로 바뀌었는데, 그래
도 1시간 정도는 근처 어딘가에서 시간을 때워야 한다는 뜻
이다.

야마모토멘조에 굳이 줄을 서는 이유는 첫째, 매콤한 우동을 파는데 실로 매콤하며 시원해서. 그리고 둘째, 우엉 튀김이 맛있어서다. 우동에 우엉 튀김을 곁들이는 식은 사실 후쿠오카 쪽에서 더 자주 볼 수 있는데, 우엉의 재발견이다.

고소한 맛도 맛이지만, 약간 질긴 듯한 식감이 좋다. 우엉 튀김은 보통 소금에 찍어 먹게 되어 있고 야마모토멘조도 마찬가지다. 이 고보텐 우동이 가장 유명하고 다른 우동도 모두 맛있지만, 나는 얼큰한 맛인 카이멘조스페셜을 주로 시킨다. (이걸 한번 먹고 나서는 다른 걸 시킬 수 없는 몸이 되었다.)

우엉 튀김은 사이드디시로, 노른자를 익히지 않은 계란과 튀긴 떡이 들어간 매콤한 붉은 국물의 우동이 나온다. 술을 마시지도 않았는데 해장하는 기분으로 땀을 뻘뻘 흘리며 먹는다. 전자책을 휴대하면서까지 줄을 서는 보람이 있는 맛이다. 양도 많고.

야마모토멘조에는 항상 혼자 갔다. 일행을 한 시간씩 줄을 세우기엔 너무 덥거나 너무 춥거나 했으니까. 그래서 늘 바 자리에 앉았는데, 바에 앉으면 우동 만드는 과정을 코앞에서 볼 수 있었다. 이 가게에 있는 우동 담당과 튀김 담당이 둘 다 잘생겼는데, 튀김 담당은 속눈썹이 길고 짙어서 한번 보면 잊을 수가 없다. ……아니 내가 지금 무슨 말을.

사실 나는 식당에서 사람 얼굴을 잘 보는 편이 아니다. (지금 내가 변명 중이 아님을 믿어주길 바란다) 하지만 야마모토멘조에서 얼굴을 기억할 수밖에 없는 이유는 땀을 뻘뻘 흘리며 후루룩후루룩 우동 그릇에 세수하는 것처럼 고개를 숙이고 있으면, "매운 정도는 입에 맞으시나요?"라고 꼭 묻기 때문이다. "우동은 괜찮습니까?", "매운 정도는 입에 맞으시나요?" 네……. 입에 꼭 맞네요. 제 마음을 읽은 것처럼…….

꼭 손님 하나하나와 눈을 맞춰 묻는 바람에 주방 팀 얼굴 생김을 기억하게 되었다는 이야기. 테이블 좌석도 몇 있으니 그쪽에 앉으면 어떻게 묻는지는 모르겠지만, 직원들이 물어보기는 할 듯하다. 모두 정말 친절하니까. 오래 기다려야 하는 상황은 친절과는 무관한 일이다. 아 참, 그리고 식사 후에는 안닌도후를 디저트로 준다. 매운 것, 튀긴 것, 차고 달콤한 것. 크흐.

맛이 없을지라도 새로운 집을 찾아다니는 사람이 있고, 한번 마음에 들면 그 집만 파는 사람이 있는데, 나는 후자다. 여행도, 음식도, 사람도. "아아, 다 먹어보고 나니 35년 전 그때 그 집이 내 인생의……" 같은 소리를 할 시간에 좋아하는 집의 메뉴를 여럿 시도하고, 또 와중에 좋아하는 메뉴를 몇 번이고 먹고, 그 식당에 함께 간 사람들을 기억하고(그런 식당에는 아주 좋아하는 사람들하고만 가니까), 그 식당에 오가는 길을 함께 걸으며 나눈 이야기들을 언제까지고 즐거운 마음으로 마음에 적립한다. 그리고 밥을 먹은 뒤 차를 마시러 가는 10분에서 30분 정도의 산책을 좋아한다. 함께 하는 외식에서 가장 좋은 건 이 순간인 듯하다.

ⓘ ✻ 야마모토멘조 우동

JR교토역 정류장에서 시내버스 5번 탑승 후 오카자키코엔·도부쓰엔마에(岡崎公園·動物園前) 정류장에서 하차, 도보 2분
@ 영업시간 금~화요일 11:00~18:30·수요일 11:00~14:30, 목요일·매달 네 번째 수요일 휴무, 고보텐우동 970엔·아카이멘조스페셜 1,200엔, 카드 결제 불가, www.yamamotomenzou.com

오카키타 우동

야마모토멘조 옆집인 오카키타는 내가 이 지역에 탐닉하게 된 원인을 제공한 집이었다. 오카키타에 줄을 서면 야마모토멘조에 줄 선 사람들과 마주 보는 방향이 된다. 점심 무렵에는 30분 정도 대기를 하는 편이고, 오후에서 저녁 시간으로 가면 줄이 더 짧아진다. 메뉴 중 케이란 우동이라고 적힌 것이 있는데, 케이란은 계란을 뜻한다. 계란을 국물에 풀어서 함께 먹을 수 있는, 담백한 듯 고소하면서도 포만감 있는 메뉴다. 새우튀김 등 고명을 얹은 케이란 우동도 있다. 거대한 새우튀김의 위용도 입뿐만 아니라 눈으로 즐기는 맛을 더한다. 면을 우동 면과 소바 면 중 골라 주문할 수 있다는 점도 큰 장점이다. 온소바를 좋아하는 이들에게 강추.

나는 여기서도 소바도코로 오카루에서와 마찬가지로 니쿠카레우동을 주로 먹는다. 얇게 썬 소고기와 향이 강한 대파를 썰어 넣은 카레 우동이다. 왜인지 잘 모르겠지만 교토에서는 카레 우동이 더 대중적이고 대체로 맛있는 듯하다. 특히 파 향이 굉장히 좋다. 고기 없이 파만 들어간 우동도 먹겠다 싶었는데, 실제로 파가 가득인 우동을 파는 가게도 있다.

기온의 요로즈야라는 우동집에 가면 네기우동이 있는데, 면이 안 보일 정도로 파를 얹어준다. 파를 왕창 집어 한 번에 먹으면 쏘는 듯 매운 맛이 느껴지지만, 면과 같이 천천히 먹는 정도로는 향이 딱 좋게 느껴지는 수준이다. 어지간히 파에 자신이 있구나 느껴질 정도인데, 그 근처의 오야코동 전문점인 히사고ひさご에 가보면 거기에도 또 파가 한몫함을 알 수 있다. (여기도 줄이 길지만 대기자들이 앉을 수 있게 별도의 공간이 마련되어 있다.)

①✻ 오카키타 우동

JR교토역 정류장에서 시내버스 5번 탑승 후 오카자키코엔·도부쓰엔마에(岡崎公園·動物園前) 정류장에서 하차, 도보 2분
@ 영업시간 11:00~18:00, 화·수요일 휴무, 케이란 우동 1,350엔·니쿠카레우동 1,700엔, www.kyoto-okakita.com

그릴 고다카라

나란한 이 두 우동집에서 3분 정도 떨어진 거리에 그릴 고다카라グリル小宝가 있다. 여기도 동생이 찾아 데려간 곳인데,

처음 갔던 때 너무 배가 고픈 나머지 음식이 나온 순간 잠시 정신을 잃은 기억이 선명하다. 세상에 나폴리탄 스파게티가 이런 맛이었어!

일본에서 나폴리탄 스파게티를 나름 꽤 먹어봤는데 고다카라 스타일은 케첩 맛이 강하지 않고 면은 막 익혀 온기가 폴폴 올라와 따뜻한 스파게티 면이 이렇게 맛있나 싶을 정도였다. 돈가스 등 튀김 요리를 시키면 사이드로 나폴리탄 스파게티를 조금 주는데, 이때는 식거나 식어가는 나폴리탄이 나온다. 이래서는 그 감동을 맛볼 수 없다. 따뜻한 면! 그게 맛의 핵심인데.

다른 손님들이 시키는 메뉴를 슬쩍 훔쳐본다면 그릴 고다카라가 무엇으로 유명한지, 인기 메뉴가 뭔지를 확실히 알 수 있다. 바로 손님의 6할이 먹고 있는 오므라이스다. 돈가스나 치킨가스 등의 튀김 요리를 시키면 감자 샐러드, 양배추 샐러드, 거대한 양상추 잎, 튀김 요리에 곁들일 약간의 겨자(튀김에는 겨자다), 나폴리탄 스파게티가 사이드로 나온다. 전부 맛있다. 늦가을부터는 굴튀김을 취급하는데 굴튀김도 정말······. (눈물)

고다카라도 피크 시간에는 대개 줄이 길지만, 회전이 빠른 편이다. 교토에서 할 일 없고 배는 고프다면 일단 이 근처로 가서 선택하면 된다.

ⓘ ⁂ **그릴 고다카라**

JR교토역 정류장에서 시내버스 5번 탑승 후 오카자키코엔·도부쓰엔마에(岡崎公園·動物園前) 정류장에서 하차, 도보 4분

@ 영업시간 11:30~21:45, 화·수요일 휴무, 오므라이스 650~1,500엔·굴튀김 1,800엔, www.grillkodakara.com

● 정통 교토식, 정통 일본식 *

가이세키 요리

교토는 맛에 까다롭다. 눈물이 날 정도로 까다롭다. 관광객
이 적어지는 곳, 입구에서는 도저히 뭘 파는 곳인지 알 수 없
는 식당일수록 그렇다. 로산진의 《요리를 대하는 마음가짐》
(지금으로부터 거의 80여 년 전에 쓰인 글을 모은 책이다)에
는 "요즘 밥 짓는 법을 아는 사람이 얼마나 있는지 모르겠다"
는 유의 한탄이 있는가 하면, "교토 사람 중에서 밥 짓는 방법
에 특히 민감한 이들은 상수리나무를 이용하는데, 상수리나
무로 밥을 지으면 불 조절이 잘 된다"라는 말이 등장한다.

교토 사람의 음식을 둔 유별난 이기심에 대한 이야기
도 재미있는데 이런 식이다. 생선가게에 도미 눈알만 주문하
는 것은 교토에서는 흔한 일이라고 한다. 미식을 추구함은 물

론 인색하기 때문! 로산진은 "식도락을 즐기는 교토 사람들은 맛있는 음식을 혼자 즐기려는 버릇이 있어서 가족과도 나눠 먹으려 하지 않는다. 그래서 경제적으로 생선가게에 도미 눈알만 주문하는 것"이라고 썼다.

가이세키(会席)도 비슷한 데가 있다. 교토 사람에게 물어보면 눈동자를 굴릴 뿐 추천 가게 같은 것은 잘 말해주지 않는다. 관광객(일본인이라 해도 소개 없이 오는 손님은 여기 해당)의 예약은 받지 않는 곳이 많고, 모르는 사람이 문을 열고 물어보면 "영업 끝났습니다"라고 하는 곳도 봤다. 하지만 일본을 대표하는 오트 퀴진이라고 하면 빼놓을 수 없는 가이세키를 아예 경험하지 않을 순 없다.

용어 설명부터 하자면, 가이세키는 요리를 일종의 예술의 형태로 승화시킨 일본 전통 코스 요리다. 14세기 교토에서 시작되었는데, 처음에는 다도에 따라 차를 마시는 자리에 나오는 간단한 형태(된장국에 반찬 세 가지)의 식사였다가, 채식 요리인 쇼진요리와 교토 향토 요리의 영향하에 9단계 코스 요리로 발전했다. 현재 우리가 아는 가이세키는 로산진과 요리사 유키 데이치가 만들었다는 주장도 있다.

가이세키 코스를 준비하는 모습을 본 일이 있는데, 요리법 자체가 따라할 수 없을 정도로 복잡하다. 데쳤다 식혔다 담갔다 물기를 뺐다가 하는 식으로 여러 단계를 거치고, 그래서 대체로 예약제로 운영된다. 요리사와 친분이 있거나 일행이 여럿이라 예산 규모가 큰 경우는 돈 액수를 말하고 맞춰 달라고(오마카세) 부탁한다. 그러면 제철 식자재를 그 액수에 맞게 수배해 코스를 짠다. 마이클 부스는 "모든 음식이 제철 식재료에 대한 종교에 가까운 믿음"과 이해에 토대를 두고 있다고 한 바 있는데, 실제로 그런 인상을 받았다.

가이세키 요리로 식사할 때는 언제나 그날의 식재료와 조리에 쓰인 모든 재료(위에 살짝 뿌린 유자에 이르기까지)가 하이쿠처럼 적힌 기나긴 메뉴를 함께 제공받는다. 손님 쪽에서 주문해 먹는 방식이 아니라 식당에서 주는 대로 모시듯 먹는다. 식당은 애초에 예약을 받을 때, 알레르기 있는 음식이 있는지만 물을 뿐이다. 예산에 여유가 있다면 추천하고 싶은 경험.

① ⁂ **기쿠노이 로안**

JR교토역 A정류장에서 시내버스 4번 또는 5번, 17번, B정류장에서 104번

또는 205번 탑승 후 시조가와라마치(四条河原町) 정류장에서 하차, 도보 2분

@ 영업시간 점심 11:30~15:30 · 저녁 17:00~22:00, 비정기 휴무, 가이세키 코스 점심 7,000~10,000엔(소비세 별도) · 저녁 13,000~25,000엔(소비세 별도), 전화 예약 가능, www.kikunoi.jp

※ ⁂ **다혜's TIP**

여행을 하며 교토의 코스 요리를 먹어보고 싶다면, 가장 쉽게 갈 수 있는 곳은 앞서 난젠지 부분에서 말한 두부 요릿집 준세이다. 데친 두부 요리를 메인으로 한 유도후 정식이 가격별로 있다. 거기에 더해, 추천할 만한 또 다른 곳은 교토 시청 인근의 이치노덴(一の傳)이다. 사전 예약을 하는 편이 좋고, 평일이라면 하루 전에도 가능하다.

1층에서는 이치노덴의 연어, 참치 요리 등을 집에서 먹을 수 있게 판매하며, 2층에서 식사를 할 수 있다. 안내를 기다려 나무 계단을 오르면 무릎을 꿇고 기다리던 점원이 일어나 손님을 안내하고 식사가 시작된다. 메뉴는 설명할 것도 없다. 계절마다 모든 코스가 바뀐다. 잘 지은 흰쌀밥이 나온다는 것만 공통점일 것이다. 식사비용은 1인당 4천 엔 안팎이다.

ⓘ ⁂ **이치노덴**

JR교토역 A정류장에서 시내버스 5번 탑승 후 시조다카쿠라(四条高倉) 정류장에서 하차, 도보 5분

@ 영업시간 1층 상점 10:00~18:00 · 2층 식당 11:00~16:00(라스트오더 14:30), 수요일(공휴일인 경우 목요일) · 12월 31일~1월 4일 휴무, 이달의 접대 코스 3,850엔 · 맛차 포함 코스 4,150엔, 전화 예약 가능, www.ichinoden.jp

● 춥거나 피곤할 때 응급 식량 *

마츠바의 니신소바

서울에서도 비 오는 날이면 떠오르는 일본 음식이 하나 있다. 여름 말고 가을이나 겨울에 특히 떠오르는 이 음식, 바로 마츠바松葉의 니신소바다. 말려서 조린 청어를 넣은 따뜻한 소바인데, 놀랄 정도로 국물이 달다. 디저트도 아니고 식사가 달콤한 맛이라는 데 약간 질린 상태로 먹기 시작했지만, 맛있어서 눈물을 흘렸다. 물론 그 눈물의 절반은 꽁꽁 얼어붙은 온몸이 녹으면서 흘러나온 것이기도 하다.

교토의 겨울은 꽤 습한 편이다. 겨울에 여행한다면 반드시 알아야 할 점은 두꺼운 옷 한 벌보다 얇은 옷을 여러 벌 껴입는 편이 좋으며, 가능한 종합 감기약을 챙겨가라는 사실이다. 이것은 내가 진저리 날 정도로 고생을 했기 때문에 굳이 덧붙이는 잔소리인데, 기온만을 따지자면 교토는 서울이나 한국 대부분의 지역보다 따뜻한 편이지만 습하다. 눈은 많이 오지 않아도 비는 그럭저럭 내린다.

게다가 교토에서 절과 정원 구경을 다니다 보면 자연스럽게 산을 타고 땀을 흘리게 되는데, 그러다가 갑자기 오한이 든다. 그럴 때면 나는 높은 확률로 니신소바를 먹는다. 추위가 고맙게 느껴질 정도로 맛있다. 한여름에도 먹어봤는데 역시 감흥이 덜하다. 여름은 정말 덥기 때문이다. 국숫집에서 차가운 국수 요리를 마련하는 데에는 다 이유가 있다.

가모가와 근처에 있는 소혼케 니신소바 마츠바 본점総本家にしんそば松葉本店은 믿고 먹을 수 있는 니신소바 전문점이다. 청어가 면을 이불처럼 덮은 채 나오는데, 아니나 다를까 국물에 기름이 떠 있는 모습을 볼 수 있다. 청어는 꽤 큰 크기로 한 덩어리가 나오는데, 면과 함께 청어를 한 입 깨물면 특유의 진한 단맛이 배어나온다. 날씨가 추우면 추울수록 정신을 잃고 먹게 된다. 추위도 추위지만 피로에도 달달한 이 국수 요리가 힘을 발휘함이 분명하다. 다 먹고 나면 누워서 자고 싶은 마음뿐이다.

니신소바만큼 교토의 명물이랄 음식이 또 하나 있다. 사바즈시, 즉 '고등어 초밥'이다. 교토 출신인 로산진은 "고등어 초밥은 예부터 누가 뭐래도 역시 교토가 가장 유명하다"고 잘라 말했다. 일본에서 최고라는 와카사若狹만의 오바마小濱에서 봄가을에 잡히는 고등어를 가지고 만들기 때문이란다. 히라마쓰 요코는 교토에 갈 때마다 시모가모진자下鴨神社에서 그리 멀지 않은 곳에 있는 하나오레花折의 고등어 초밥을 산다고 쓴 적도 있다.

면 요리를 취급하는 식당 다수는 사바즈시를 단품으로 취급한다. 면에 곁들여 한 점 먹을 수 있게 판매하는 식이다. 고등어를 초밥으로 먹는다는 생각만으로 비린내가 나는 것 같더라도 한번 도전해보시길. 냄새가 아주 없지는 않으나 두툼하고 확실하게 씹히는 고등어의 독특한 맛에 놀랄지도 모른다. 고등어 초밥은 다시마로 한번 말아서 잡내를 제거하는데, 그 다시마를 같이 먹어도 된다.

교토 사람들의 사바즈시 사랑은 유별난 데가 있다고 느껴질 정도인데, 교토의 지인들(70대 요리사와 50대의 그의 조수를 포함한 일행이었다)과 비와호 불꽃놀이를 보러 갔을 때도 간식으로 등장한 것 중 사바즈시가 있었다. 그날 폭우가 내려 불꽃놀이는 결국 중단되었는데, 빗속에 앉아 비를 맞으며 파스스 꺼지는 불꽃을 보면서 먹었던 사바즈시의 맛은 지금도 잊을 수가 없다. 불꽃놀이를 못 봐 아쉬운 와중에도 사바즈시가 너무 맛있었기 때문이다.

ⓘ ⁑ 소혼케 니신소바 마츠바 본점

JR교토역 A정류장에서 시내버스 4번 또는 5번, 17번, B정류장에서 104번 또는 205번 탑승 후 시조가와라마치(四条河原町) 정류장에서 하차, 도보 3분 ⓐ 영업시간 11:00~21:30(라스트오더 21:00), 수요일(공휴일인 경우에는 영업), 니신소바 1,300엔·기타 소바 및 우동류 1,100~2,000엔, www.sobamatsuba.co.jp

● 커피 마시고 쇼와 시대로 *

교토의 킷사텐

일본 카페 투어를 원한다면 알아둬야 할 킷사텐이라는 곳이 있다. 쇼와 시대 특유의 레트로한 분위기를 경험할 수 있는 커피숍이다. 어느 도시에나 오랫동안 영업해온 유명한 킷사텐이 몇 곳쯤은 있기 마련인데, 대개 규모가 작은 편이며 드립 커피를 취급하는 곳이 많다. 커피 맛이 좋은 경우도 있으나 아닌 경우도 있고, 커피만큼이나 분위기를 경험하기 위해 방문한다.

일본의 연호에 따른 쇼와 시대는 1926년 12월부터 1989년 1월 7일까지다. '쇼와 시대풍'이라고 하면 그 시기 일본의 경제가 급속도로 성장했음을 가리켜, 대체로 흥청망청하는 혹은 잔뜩 멋을 낸 화려한 분위기의 대중문화나 패션 등을 의미하기도 한다. 쇼와 시대 후반부라고 해도 지금으로부터 한 세대 전이니까 분위기가 다를 수밖에 없는데 이런 킷사텐의 가장 큰 특징이라면,

첫째. 오랫동안 손을 타 반들반들해지고 어두운 색상의 목조 인테리어로 되어 있다.

둘째. (요즘은 금연인 곳도 있으나) 여전히 흡연인 곳이 많기 때문에 나무에 커피 향과 담배 향이 배어 있다.

셋째. 흡연이 가능한 곳인 경우 가게 로고가 새겨진 성냥이 있다.

넷째. 식사나 간식 메뉴가 있으며 나폴리탄 스파게티나 도넛, 샌드위치가 주요 메뉴다.

다섯째. 주인이나 직원이나 정복을 차려 입고 있는 경우가 대부분이다.

로쿠요샤

가와라마치산조의 교차로 부근에 있는 로쿠요샤六曜社는 교토를 대표하는 킷사텐 중 하나다. 대로변에 있어 찾기

쉬운데 문을 열고 들어가면 타임머신을 탄 기분이 든다. 브라운 색의 소파가 아름다운 공간으로, 소파는 따로 제작해서 팔았으면 싶을 정도다. 여기서 판매하는 도넛은 특별히 권할 만한 맛은 아니지만 커피에 곁들이기는 나쁘지 않다.

1950년에 창업한 로쿠요샤는 지상과 지하로 되어 있고 지상 지점에 소파가 있다. 점주인 오쿠노 오사무의 인터뷰가 실린 《거리를 바꾸는 작은 가게》를 보면 가게 운영 철학이 잘 보인다. "혼이 담긴 한 방울보다는 매일 다녀도 질리지 않고, 여차하면 하루에 두 번이라도 갈 수 있다는 점이 저한테는 중요해요"라는 것이다.

경영난에 시달린 적이 있지만 독학으로 자가 로스팅을 공부한 일이 가게 경영에 도움이 됐다고 한다. 오쿠노 오사무는 포크 가수이기도 한데 그가 작사, 작곡한 〈랑베르 마이유 커피 가게〉에는 이런 가사가 있다고 한다. "오늘의 일을 시작할 때 다음 날도, 다음 날도, 또 그다음 날도, 같은 향기의 커피 한잔."

로쿠요사가 대궐처럼 보이는 작은 지하의 킷사텐도 있다. 다카시야마 백화점 인근에 있는 오타후쿠 커피御多福珈琲.

시조가라스마에 생긴 애플스토어에 갔을 때 일본인 직원에게 추천받은 곳이다. 좁은 계단으로 내려가면 '공간 활용을 어떻게 이렇게 했지' 싶을 정도로 작은 킷사텐인데, 아기자기한 공간 활용이 참 좋다.

ⓘ ✻ **로쿠요샤**

JR교토역 A정류장에서 시내버스 4번 또는 5번, 17번, 104번, 205번 탑승 후 가와라마치산조(河原町三条) 정류장에서 하차, 도보 1분
@ 영업시간 지상점 08:00~23:00 · 지하점 12:00~24:00(18:00까지는 카페, 그 이후로는 Bar로 운영), 수요일 휴무(지하점), 커피 500~600엔, 카드 결제 불가, 전석 흡연 가능

후란소아 킷사시쓰

　2003년에 등록유형 문화재로 지정된 후란소아 킷사시쓰フランソア喫茶室는 프랑스 찻집이라는 뜻으로, 쇼와 9년 (1934년)에 문을 연 찻집답게 분위기로 승부한다. 들어서서 바로 왼편에 보이는 카운터와 오른편에 보이는 작은 방 같은 공간은 최근 생긴 힙한 카페에서는 볼 수 없는 역사 그 자체다.

화가 장 프랑수아 밀레의 이름에서 따온 상호라고 하는데, 본토초 끝자락에 위치한 유럽풍의 외관이 먼저 눈길을 끈다. 모든 요소가 눈길을 사로잡는 화려한 내부는 창업자 다테노 쇼이치가 이탈리아인 친구에게 맡긴 것이다. 호화 여객선 객실 분위기를 콘셉트로 삼았다고 한다. 무슨 거창한 말을 들어도 그렇겠다 싶은 정도의 분위기다. 평소에는 카운터에 사람이 없는데, 계산을 요청하면 메이드복을 입은 점원이 나타나 문을 열고 카운터에 들어서서 계산한다. 그 모든 것이 그림처럼 흐른다.

어째서인지 갈 때마다 클래식이 격렬한 볼륨으로 흐르고, 커피는 적당한 맛이지만 인상적이지는 않았다. (분위기가 좋다고 꼭 맛있다는 뜻은 아니다⋯⋯.) 하지만 안쪽 깊숙이 있는 공간이나, 오랜 시간 길들어 반들반들하고 반짝이는(물론 반짝이는 이유는 길이 들어서라기보다는 칠을 해서지만) 어두운 색의 목재 테이블과 의자가 있는 풍경은 쉽게 질리지 않는다. 그 덕분인지 빈자리는 거의 나지 않는다.

ⓘ ＊＊ **후란소아 킷사시쓰**

JR교토역 A정류장에서 시내버스 4번 또는 5번, 17번, B정류장에서 104번
또는 205번 탑승 후 시조가와라마치(四条河原町) 정류장에서 하차, 도보 2분
@ 영업시간 11:00~23:00(라스트오더 음식 22:00·음료 22:45), 화
요일(공휴일인 경우에는 대체 휴무)·12월 31일~1월 2일 휴무, 커피
600~900엔·디저트 500~800엔, 카드 결제 불가, www.francois1934.com

라 마드라그

라 마드라그LA MADRAGUE 는 원래 킷사 세븐喫茶セブン이
라는 집이 영업하던 자리를 이어받은 킷사텐이다. 가게 이름
은 카페 주인의 아내가 좋아하는 배우 브리지트 바르도의 별
장 이름을 따서 지었다고 한다. 킷사텐에서 특히 사랑받는 메
뉴 중에는 타마고산도(계란 샌드위치)가 있는데, 라 마드라그
역시 타마고산도로 유명하다.

후란소아 킷사시쓰 근처에 있던 경양식집이 문을 닫을
때 전수받은 레시피라는데, 두툼하고 푸짐하기 때문에 일행
이 있다면 나폴리탄 스파게티와 타마고산도를 하나씩 시켜
나눠드시길 권한다.

ⓘ ✳ 라 마드라그

JR교토역 B정류장에서 시내버스 9번 또는 50번, 101번 탑승 후 호리카와 오이케(堀川御池) 정류장에서 하차, 도보 5분

@ 영업시간 11:30~22:00(라스트오더 21:00), 일요일 휴무(임시 휴무일은 페이스북 @lamadrague.kyoto에 공지), 타마고산도 780엔·나폴리탄 스파게티 890엔, 방문 및 전화 예약, 카드 결제 불가, www.madrague.info

✳ ✳ 다혜's PICK

교토를 대표하는 타마고산도집이라고 하면 기온에 있는 야마모토킷사(やまもと喫茶)를 꼽는 사람들이 많다. 빵에 얇게 바른 겨자 때문에 계란의 고소함 뒤에 알싸한 매운맛이 혀끝에 남는다. 하지만 뭐니 뭐니 해도 얇게 썬 오이가 아삭하고 시원하게 씹히는 첫 식감이 최고다. 앞서 말한, 토마토와 버터, 오이를 주재료로 하는 담백하고 깔끔한 샌드위치도 그렇고, 교토의 야채는 역시 천하무적이다.

@ 야마모토킷사: JR교토역 D정류장에서 시내버스 86번 또는 206번 탑승 후 지온인마에(知恩院前) 정류장에서 하차, 도보 1분 / 영업시간 07:00~17:00(라스트오더 16:30), 화요일 휴무, 타마고산도 600엔·믹스산도 750엔, 카드 결제 불가

● 교토 '오늘'의 커피 *

위켄더스커피

교토에는 에스프레소 커피를 취급하는 유명한 체인점들도 여럿 있다. 스타벅스 중에서는 100년 된 고택을 개조해 다다미 스타벅스로도 알려진 니넨자카 인근의 니넨자카 야사카 차야텐二寧坂ヤサカ茶屋店이 운치로 유명하고, 산조오하시점三条大橋店은 가모가와를 내려다보는 최고의 전망으로 이름이 높다. 둘 다 붐비니 방문할 예정이라면 아침 일찍 찾아가는 게 좋다. 사진이 잘 나오는 장소들이다.

난젠지 근처에는 블루보틀 커피 교토점ブルーボトルコーヒー京都店이 있다. 일본 전통 가옥에 모던한 디자인을 더한 건물이 눈길을 끄는 곳으로, 이곳 역시 줄이 무척 길다.

응커피 혹은 퍼센트(%)커피라는 별명의 아라비카 커

피는 아라비카 교토 아라시야마점ァラビカ京都嵐山店이 가장 전망
이 좋다. 언젠가부터 아라시야마의 필수 코스로도 여겨지는
듯하다. 아라비카 교토 히가시야마점은 니넨자카 야사카 차
야텐으로부터 멀지 않아서, 기요미즈데라에 갈 때는 두 곳 중
한 곳을 택해 커피를 마셔도 좋다. 다이마루 백화점에도 아라
비카 커피가 있기는 한데, 여기는 매장 특색이 없으니 그저 커
피가 궁금하다면 들러보시길.

한참 설명했지만 나는 교토에서 저 카페들에 '들어가
서' 커피를 마시는 일은 없다. 일단 다른 도시에서 많이 가본
커피숍들이고, 유니버셜 스튜디오의 해리 포터 어트랙션만큼
관광객들로 늘 붐빈다. 그러면 킷사텐의 드립 커피 말고 에스
프레소 머신 소리를 들으려면 어디를 가면 좋을까? 내가 가
장 자주, 편하게 들르는 곳은 위켄더스커피Weekender's Coffee다.

이노다커피 본점 근처, 주차장 안쪽에 가게가 있다. 내
가 가장 사랑하는 교토의 커피는 이 집 커피다. 교토의 훌륭
한 집들이 흔히 그렇듯이, 위켄더스커피의 커피는 주장이 강
하지 않아서 도리어 색이 뚜렷하다. 너무 진하지도 너무 연하
지도 않고, 연한 듯 적당한 정도의 커피를 낸다. 교토 시내에

머무는 이유 중 하나가 이 커피숍일 정도로 좋다. 에스프레소를 베이스로 한 커피는 거의 다 추천하고, 라테류도 좋다. 드립 커피도 취급하는데, 판매용 원두는 반드시 사다가 집에서 그라인더에 갈아 마신다. 그 역시 좋다.

다만 앉을 자리가 없음에 유의해야 한다. 앉을 수 있는 곳은 가게 밖 초미니 정원에 있는 나무 의자(최대 2명)뿐이다. 카페 안에는 0석이다. (열 자리 미만이라는 뜻이 아니고 정말로 하나도 없다는 뜻이다.) 손님들은 대체로 에스프레소 머신 앞쪽의 구석 공간이나 계산대 앞 언저리, 가게 밖의 빈 공간에 삼삼오오 서서 찻잔에 든 커피를 마시고 간다. 주차장 끄트머리에 있어 차가 들어오지 못하게 시설물을 세워뒀는데 거기 걸터앉아 마시는 이들도 많다.

테이크아웃하는 사람이 많지 않고 다들 여기저기 서서 마시길래 나도 그러기 시작했는데, 이렇게 카페 앞에 모여서 커피 잔을 들고 마시는 모습이야말로 위켄더스커피의 특징이라고도 할 수 있다. 카운터 앞의 큰 돌 장식도 투박한 듯 자리를 지키는 가게의 커피 맛을 상징하는 듯하다.

여기저기 서 있고 앉아 있던 사람들이 가게에 들어오거

나 나가는 사람들을 위해 자리를 비켜 움직일 공간을 내준다. 이렇게까지 자리가 없으면 들고 나가서 마실 일이지만 왜인지 다들 거기 서서 작은 책과 잔을 들고 커피를 홀짝인다. 왜인지 모르겠는 이 광경 자체가 내게는 교토의 상징처럼 느껴지기도 한다. 교토 커피의 오늘을 가장 잘 보여주는 곳. 주인부터 공간, 맛, 손님들까지.

ⓘ ✿ 위켄더스커피

JR교토역 A정류장에서 시내버스 4번 또는 5번, 17번, 104번, 205번 탑승 후 가와라마치산조(河原町三条) 정류장에서 하차, 도보 6분
@ 영업시간 07:30~18:00, 수요일 휴무(공휴일인 경우에는 영업), 커피 400~500엔, 카드 결제 불가, www.weekenderscoffee.com

✳ ✿ 다혜's PICK

아라시야마에 들를 때 함께 가볼 만한 곳으로는 오코치산소(大河內山莊)가 있다. 세계 어느 나라를 가든 부자들의 사유지 구경만큼 재미있는 게 없는데, 문제는 대체로 접근 불가 지역이라는 사실이다. 아주 드물게 일 때문에 방문할 때면 자연을 사유지로 갖는다는 게 어떤 뜻인지 매번 놀라고, 매번 감탄하고, 매번 부럽다.
교토에서 방문할 수 있는, 일반인 관람이 허용된 사유지 중 하나가 아라시야마에 있는 이 오코치산소다. 배우 오코치 덴지로의 개인 별장으로 아라시야

마 대나무 숲 뒤편의 언덕을 정원으로 쓰고 있다. 아라시야마의 물길을 내려다보는 전망을 갖춘 곳이다. 호젓하고 운치 있다. 돈이 좋긴 하다.

@ 오코치산소: JR교토역 D정류장에서 시내버스 28번 탑승 후 노노미야(野々宮) 정류장에서 하차, 도보 10분(총 53분 소요) / JR교토역에서 JR산인 본선(山陰本線) 탑승 후 사가 아라시야마(嵯峨嵐山)역에서 하차, 도보 17분(총 35분 소요) / 입장 시간 09:00~17:00, 연중무휴, 입장료 1,000엔(다과 포함)

프렌치토스트란 무엇인가 *

자연스러운 하루의 시작, 스마트커피

데라마치寺町 거리에서 북쪽으로 가면 스마트커피スマート珈琲가 있다. 사실 나는 아침을 먹는 장소로 이노다커피보다 여기를 더 좋아한다. 스마트커피에서는 프렌치토스트를 시키고 드립 커피를 마신다. 세상에 이보다 더 좋은 아침은 없다. 잉글리시 브랙퍼스트니 컨티넨탈 브랙퍼스트니 다 필요 없다. 따뜻하고 폭신한, 버터에 계란을 입혀 겉은 쫀득하고 속은 녹아내리게 만든 스마트커피의 프렌치토스트에 메이플 시럽을 끼얹어 먹으면, 여행 오기를 잘했다는 생각이 절로 든다.

하지만 역시 교토인들이 선호하는 아침 메뉴는 스마트커피에서라 해도 타마고산도인지도 모르겠다. 모리미 도미히코의 《거룩한 게으름뱅이의 모험》에 등장하는 고토 소장은

휴일 아침마다 스마트커피에 가서 뜨거운 커피와 타마고산
도를 먹는다.

스마트카페 안에는 가죽 소파가 놓여 있고, 커피의 향긋
한 향이 가득했다. 그곳에는 휴일 아침을 뜻깊게 활용하
고자 마음먹은 사람들이 쉬고 있다. 고와다는 두껍고 먹
음직스러운 계란부침을 넣은 샌드위치와 뜨거운 커피를
주문했다.
아침 카페의 정숙함에 몸을 맡기고 있자니 머리가 멍해져
서 당장에라도 정신이 나갈 것처럼 졸렸다. 이끼에 묻힌
지장보살의 모습이 머릿속에 떠올랐다.
"구르지 않는 돌에는 이끼가 낀다. 부드러워지자."

그러니 아침에 일어나서 어슬렁어슬렁 스마트커피까
지 가 소파에 몸을 묻으면 나무에 밴 커피 냄새가 1차로 정신
을 깨우고, 2차로 식사를 통해 인간이 되는 과정을 거친다. 자
연스러운 하루의 시작이다. 일행이 여럿이면 샌드위치나 팬케
이크 등을 더 시켜 먹는데, 프렌치토스트는 언제나 주문한다.

이것은 양보할 수 없는 교토 부심.

ⓘ ✲ 스마트커피
✲

JR교토역 A정류장에서 시내버스 4번 또는 5번, 17번, 104번, 205번 탑승 후 가와라마치산조(河原町三条) 정류장에서 하차, 도보 2분
@ 영업시간 1층 카페 08:00~19:00·2층 런치 매장 11:00~14:30, 1층 카페 연중무휴·2층 런치 매장 화요일 휴무, 드립 커피 500엔·프렌치토스트 650엔·타마고산도 700엔, www.smartcoffee.jp

＊ ＊

교토 시청 뒤편의 즐거움,
이른 점심부터 쇼핑까지 여유롭게 즐기는 하루

교토는 조식을 하는 식당이 많아 유명하다고 했지만 내가 좋아하는 식당 다수는 점심쯤 문을 연다. 11시나 11시 반 정도. 결코 내가 게을러서가 아니라 식당 영업시간에 맞추느라 느지막하게 하루를 시작한다. 아침 이른 시각에 커피를 마시고 산책을 다녀온 이후 숙소에서 쉬다 나가기도 하지만, 애초에 늦게 일어나서 하루를 시작하는 일도 많다. 휴가니까요? 그렇죠?

교토 시청 뒤편은 이런 하루를 위해 쓴다. 이른 점심을 먹고, 그릇을 구경하고, 커피나 차를 마신 뒤, 좋아하는 쿠키 가게에 간다. 이렇게 오후까지 놀다가 문 닫기 전의 고다이지나 기요미즈데라까지 천천히 걸어 왕복하는 식이다. 일정 중간에 아주 큰 쉼표를 찍는다는 생각으로. 이 일대의 가게들은 독채를 쓰는, 중정이 있는, 손 닿는 곳마다 세월을 탄 나무들이 반들거리는 묵직함이 있는 곳들이다. 여기서 저기까지 서둘러 점찍으며 이동하면 재미가 없다. 두리번두리번, 기웃기웃하는 재미를 되찾아보시길.

★ 다음의 가게들은 모두 인접한 위치에 있다. JR교토역 A정류장에서 시내버스 4번 또는 5번, 17번, 104번, 205번 탑승 후 교토시야쿠쇼마에(京都市役所前) 정류장에서 하차 후 도보 3~7분 거리.

✱ ✲ 마츠하

오전 10시부터 영업하는 마츠하(まつは)는 간판도 없이 문에 일본어로
만 상호가 적혀 있다. 밥과 국이 있는 한 상 차림의 깔끔한 식사를 하기
좋고, 밤늦게까지 술을 마실 수도 있다. 실내가 무척 좁지만 좁은 공간
을 잘 사용하고 있으며 작은 정원이 딸려 있다.

@ 도보 7분, 영업시간 10:00~21:30(영업시간), 일·월요일 휴무, 오늘
의 식사 1,500엔·밥과 국과 반찬 1가지 600엔·밥과 국과 반찬 3가지
800엔, 카드 결제 불가, www.matsuha225.com

✱ ✲ 비블리오틱 헬로

마츠하의 맞은편으로 걸어서 1분만 더 가면, 거대 식물들이 모르고 지
나칠 수 없을 정도로 손바닥을 펴고 있는 카페 비블리오틱 헬로(Cafe
Bibliotic Hello!)가 있다. 11시 반부터 영업하는 이곳의 장점은 점심 메
뉴들. 북유럽 빈티지 그릇에 음식을 담아와 보기에도 예쁘다. 유기농 야
채를 사용한 샐러드와 빵이 포함된 메뉴에 수프를 추가하면 좋고(수프
가 맛있다는 뜻이다), 간단히 빵과 음료만 먹어도 좋다. 실내 인테리어
도 독특하다. 두 층을 터서 내부가 시원한 느낌을 주고, 중정이 없는 대
신 크게 낸 창문 앞에는 이파리가 큰 식물들이 있다. 아이를 동반한 여
행자라면 여러 면에서 편안하게 식사와 대화가 가능한 분위기다.

@ 도보 6분, 영업시간 카페 11:30~24:00(라스트오더 23:00)·베
이커리&갤러리 11:30~23:00, 연중무휴(단, 베이커리&카페는 월

요일 휴무), 유기농 야채와 니수아즈 샐러드&수프 1,200엔·음료 500~700엔·빵 200~400엔, 카드 결제 불가, www.cafe-hello.jp

잇포도차호

교토를 대표하는 가게 두 곳이 이 근처에 있다. 첫 번째는 느긋하게 일본 차를 마실 수 있는 잇포도차호(一保堂茶舖)로, 1717년에 창업했다. 티백을 중심으로 교토 전 지역은 물론, 도쿄 등 타 도시의 백화점 지하 매장이나 마트에서 구입이 가능하다. 교토가 본점인데, 가게 자체가 명물이다.

복잡하게 우릴 것 없이 편하게 일상적으로 마실 수 있는 차라면 호지차가 좋고, 잇포도차호에서 파는 센차나 교쿠로차 등은 가격만큼의 맛을 한다. 선뜻 사기가 어렵다면 마셔볼 수도 있다. 특히 안쪽에 있는 티룸에서 차를 마셔보는 것도 좋다. (혹시나 싶어 첨언하자면 티 룸은 유료다.) 차 우리는 법, 마시는 법에 대해 직원의 설명을 들으며 직접 해볼 수 있고, 영어로 설명할 수 있는 직원도 있다. 잇포도차호에서 차를 사면 각 차별로 우리는 방법(찻잎의 양, 물의 양과 온도, 우리는 시간 등)이 일본어와 영어로 적힌 안내 브로슈어도 함께 받아볼 수 있다.

호지차의 경우, 교토 어느 시장에서든 판다. 직접 볶아서 파는 호지차도 있다. 일본의 가게나 집에는 특별히 가려 쓰는 고다와리의 호지차나 호우차가 있기 마련인데, 물 대신 차를 내오기 때문에 특히 그렇다. 내가 아는 교토의 지인도 특별히 좋아하는 호지차가 따로 있다며 어디 것인지 말도 안 하고 선물로 주면서 "잇포도차호 따위"라고 한 적이 있다. (교토인들이란….) 그 차는 완전 유기농이라, "눈이 피곤할 때 눈을 씻어도 된다고!"라고까지 말했을 정도다. 물론 아무리 완벽한 유기농이라 해도 식염수를 두고 호지차로 눈을 닦을 일은 없을 것 같지만!

@ 도보 6분, 영업시간 점포 09:00~18:00·티 룸 10:00~18:00, 1월 1일 휴무(단, 티 룸은 연말연시 내내), 호지차 648엔·센차 702엔·교 쿠로차 810엔(모든 차에는 과자 포함), www.ippodo-tea.co.jp

✱ ⁑ 무라카미 가이신도

잇포도차호에서 교토 시청 방향으로 1분 정도만 가면 교토에서 가장 오래된 양과자점 무라카미 가이신도(村上開新堂)가 있다. 1868년부터 3대째 이어오며 영업을 하는 곳이다. 주말 오전에 가면 사람들이 줄을 서서 구입하는데, 눈치껏 줄을 서는 수밖에 없다. 줄이 하나인 경우도 있지만 대체로는 주문 중인 손님이 카운터에 붙어 있고 주문을 완료하고 포장을 기다리는 손님이 산발적으로 흩어져 있으며 다음 주문 순서를 기다리는 사람들이 줄을 서 있는 식인데 가게가 좁아, 여기 서 있으면 가게에 처음 온 손님과 단골손님 사이의 대화를 본의 아니게 엿듣게 된다.

무엇을 주문해야 하는지 갈등하는 사람과 여기서 한평생 사 먹어 본 사람들 사이의 대화. 그런 노령의 여성분들의 조언을 오랫동안 들어온 바에 따르면, 1월부터 3월 사이에만 파는 고즈부쿠로는 거의 당일에 먹을 용도로만 구입이 가능하다. 고즈부쿠로는 귤 속을 파낸 껍질 안에 설탕과 리큐어를 혼합한 귤 주스를 넣고 차갑게 해 먹는 옛날식 얼음과자로, 예약제다.

쿠키 역시 마찬가지다. 종류별로 넣은 쿠키를 한 박스 단위로 파는데, 예약을 하면 택배로 보내주기 때문에 여하튼 당장 구입이 불가능하다. 여행자가 바로 구입해서 먹을 수 있는 것은 진열장에 있는 러시아 케이크 시리즈뿐. 건포도, 살구, 초콜릿 등이 들어 있는 쿠키인데 어쨌든 이름은 러시아 케이크다. (무라카미 가이신도의 쿠키보다 러시아 케이크가 우리가 생각하는 쿠키의 모습에 더 가깝다는 사실을 미리 강조한다.) 낱개는 물론, 10개와 12개, 20개 박스로 살 수도 있는데, 나는 대체로 종류별로 섞어서 박스로 산다. 마들렌과 갈레트 종류도 있는데, 갈레트 역시 맛있다. 요즘이야 피에르 에르메(Pierre Herme) 같은 프랑스 파티시에의 가게들이 전 세계에 퍼져 있고 버터 듬뿍 들어간 달다구리도 드물지 않은데, 무라카미 가이신도의 맛은 옛날 스타일을 유지하고 있다. 입안에서 녹는 듯한 유제품 맛보다는 약간 파삭거리며 부수듯 먹는 옛날 고급 쿠키 맛이다. 이런 맛에 향수를 갖고 있는 어르신들께 선물로도 괜찮다.

잇포도차호에서 일본 차를 판다면 무라카미 가이신도 매장 안쪽의 찻집에서는 커피와 홍차를 판다. 러시아 케이크 하나와 음료를 묶은 세트도 있으니 사기 전에 한번 여기서 먹어보는 것도 좋다. 이 찻집에는 매력적인 도코노마와 중정이 있는데, 중정 쪽으로 나가야 화장실을 사용할 수 있다. 불편함이 오히려 즐거움이 되는 셈이다. 중정을 바라보고 앉는 1인석이 이 찻집의 명당일 정도.

@ 도보 5분, 영업시간 매장 10:00~18:00 · 카페 10:00~17:00(라스트오더 16:30), 일요일 · 공휴일 · 매달 세 번째 월요일 휴무, 고즈부쿠로 540엔 · 러시아케이크 1개 180엔 · 10개입 1,990엔 · 12개입

2,350엔(소비세 별도), www.murakami-kaishindo.jp

✳✳ 규코도

규코도(鳩居堂)에서도 차를 마실 수 있다. 각종 종이 용품(노트와 엽서 등)과 향, 인센스를 파는 입구 쪽 홀 안으로 차를 마실 수 있는 공간이 마련되어 있다. 이쪽은 무척 넓고 좌석이 많지 않아 대체로 조용하다. 과묵하고 절도 있는 마스터가 차를 우려 내온다.

보통 일본에서 물건을 사면 선물용인지 집에서 사용할 물건인지를 알려고(포장을 어떻게 해야 할지 알기 위해), "집에서 쓰실 건가요?"라고 묻는데, 규코도에서는 경어의 경어를 쓴다. "자택에서 사용하시려는 물건이십니까?" 정도의 표현. 일본어를 배우다가 어려워지는 단계가 경어를 익히면서부터인데, 여기는 경어의 경어를 써서 놀란 기억이 있다.

하나 더 말하자면, 교토에서는 '감사합니다'라는 뜻으로 '아리가토 고자이마스' 대신, '대단히 고맙다'는 의미의 준말인 '오오키니'라는 표현을 쓴다. 계산 시 카드나 현금을 받을 때, 손님에게 포장한 물건을 건넬 때, 가게에서 손님을 배웅하며 쓰는 말인데 간사이 방언이다.

@ 도보 3분, 영업시간 매장 10:00~18:00·티 룸 '몬코도코로(聞香処)' 11:00~17:00(라스트오더 16:00), 일요일 휴무(몬코도코로는 수·일요일 휴무), 600~1,600엔, www.kyukyodo.co.jp

✳ ✳

● 무슨 일이 있어도 사랑하겠습니까 ※

10년을 못 채우고 여권을 다시 바꾼 이유는 일본에 입국할 때 붙여주는 스티커 때문이었다. 영국에 입국할 때 입국 심사관이 여권을 훑어보고 "한국에 살아, 일본에 살아?" 하고 물어본 적도 있다. 그 여러 번의 일본 여행 중에 내가 가장 많이 방문한 도시는 단연코 교토였다.

그렇게나 여러 번 간 교토지만, 2018년에는 이전에 하지 못한 경험을 두 번 했다. 하나, 초여름에 지진을 겪었다. 둘, 한여름에 태풍을 겪었다. 두 재해가 공교롭게도 모두 귀국 일에 발생했다.

진도 6을 넘겼다는 6월 18일의 오사카 북부 지진은 공항에 가려고 아침 7시에 일어나 준비를 하던 중에 일어났다. 뭐가 터지는 것처럼 '쾅' 하는 소리가 건물 전체에 울렸고, 똑바로 서있기 어려울 정도로 흔들렸다. 지진이라는 생각이 들어 씻는 둥 마는 둥 서둘러 수트케이스를 들고 나오니 엘리베이터는 당연히 운행 정지, 계단으로 짐을 나르고 전차역으로 가니 다행히 전차는 다니고 있었다. 하지만 공항으로 가는 고속도로는 통행정지. 잠시 뒤에 알게 될 일이었지만 진앙지는 오사카와 교토의 중간쯤이었다. 즉, 교토 내에서는 이동이 가능하지만 공항까지 가기가 어려운 상황이었다. 결국 그날 저녁쯤에야 대부분의 대중교통이 복구되었다.

두 달쯤 지나 이번에는 태풍 '제비'를 만났다. 9월 초, 또 귀국 날이었다. 상황은 이때가 더 심각했다. 교토에서 이 책을 위한 취재를 마치고 마지막 하루를 오사카에서 머물고 있었는데 태풍 상륙 소식이 심상치 않았다. 뉴스에서는 전날 밤부터 아침까지 예상 위력을 보여주려 페트병이 날아가 유리가 깨지는 등의 시범을 보이는가 하면, 몇십 년 만에 간사이에 상륙하는 초대형 태풍이라는 말을 몇 번이고 강조하는 중이었다. 나는 태풍이 와도,

폭설이 쏟아져도 출근하는 안전 불감증의 한국인이었고. 재난상황이라는 게 집에서 겪을 때와 타지에서 겪을 때 차이가 크다. 물론, 서울에서 태풍이 오든 북한이 핵으로 위협을 하든 연평도에서 포격 사건이 벌어지든 나는 언제나 출근을 해왔다. 이렇게 말하고 보니 별 차이가 없나.

아침이 되어 체크아웃을 하고 나가보니 오사카 도심지인 우메다역 인근이 텅텅 비어 있었다. 대형 쇼핑몰도 전부 문을 닫았다. 와중에 빅카메라가 영업 중이기는 했으나, 호텔 식당을 제하면 밥 먹을 곳도 마땅치 않을 정도로 문 연 곳이 없었고 전차에도 사람이 없었다. 그런 것 치고는 부슬비만 내리는 정도여서 방심을 하게 됐는데, 나중에 이렇게 생각한 것을 크게 후회하게 됐다.

리무진 버스는 이날도 (기한 없는) 운행 중지. 즉, 이번에도 고속도로가 전면 통제 중이었다. 이런 때는 전문가에게 물어 결정하자고 생각하고는 택시 기사에게 간사이 공항까지 갈 수 있겠느냐고 물었더니, 가능하다는 답변이 돌아왔다. 일단 공항까지 가

자. 이쯤에서 나의 멍청함에 혀를 차는 분들이 계실 텐데, 공항에 가지 않는다면 방을 하루 더 잡아야 했고(문을 연 곳이 없으니까) 다음 비행기로 늦추는 경우 자리가 있을지 미지수였기 때문이다. 내가 신뢰했던 교통전문가인 택시기사 역시 그런 태풍은 경험한 적이 없었다는 게 함정이었다.

　　차는 점점 태풍의 중심을 향해 이동하고 있었다. (나중에 알게 된 바로는 간사이 공항 쪽이 태풍 피해를 가장 크게 입었다.) 오싹할 정도의 바람 소리와 더불어 차가 바람결에 이리저리 흔들렸다. 간판이 도로 한복판에 나뒹굴고, 가로수가 부러져 있고, 자판기가 쓰러져 있는 광경이 계속 이어졌다. 현수막들도 갈가리 찢겨 있었다. 고속도로가 아닌 일반 도로를 이용 중이니 지금 어디가 어딘지도 알 수 없었고, 어느 순간부터는 앞을 볼 수 없을 정도로 비가 거세졌다. 기어코 택시 기사는 간사이 공항으로 가는 다리가 통제 중이라 지금 건널 수 없다며 린쿠타운りんくうタウン역에 나를 내려주었다. 여기서 비를 피하다가 난카이선南海線 전차가 운행을 재개하면 타라면서.

린쿠타운역에는 나 같은 승객들이 몇 있었다. 거센 바람에 귀신 나오는 듯 윙윙거리는 소리가 건물을 울리고 있었고, 비바람에 천정의 페인트가 부스러져 바닥에 떨어진 게 눈에 띄었다. 몇시간이 흐른 뒤 해 질 녘, 한순간에 사위가 거짓말처럼 조용해지더니 잠시 뒤에 안내 방송이 나왔다. 오늘 난카이선은 이용 불가하다. 이제 린쿠타운에서 공항은커녕 시내로 들어갈 방법도 없는 상황이 된 셈. 게다가 스마트폰 배터리도 오래 버티기 힘들다. 태풍이 지나가고 도착한 인근 호텔에는 당연한 말이지만 방이 하나도 없었다.

호텔에 방이 전혀 없다는 말을 듣고는 바로 컨시어지로 가서 오사카 시내까지 택시를 불러달라고 부탁했다. (신이시여, 가뜩이나 택시비 비싼 일본에서 택시를 이렇게까지 탈 일입니까.) 컨시어지에서는 지금 상황이 좋지 않아 언제 택시가 올지 알 수 없다고 대답했으나, 나는 언제든 오기만 하면 되니까 불러달라고 부탁했다. 만에 하나, 호텔 로비에서 씻고 자야할지도 모르니 택시를 기다린다는 핑계라도 있으면 나을 듯해서였다.

나 이후에 나 같은 사람이 몇 명 더 들어와 비보(=남은 방이 없다)를 접하고, 각오(=언제가 됐든 택시를 불러달라)를 다지는 모습을 볼 수 있었다. 이때까지만 해도 간사이 공항까지 가는 다리가 훼손되어 아예 이동이 불가능하다는 사실을 전혀 알지 못했다. 핸드폰 배터리가 정말 간당간당한 수준이 되어, 단순히 호기심을 충족시키자고 전원을 켤 수는 없었으니까.

그렇게 한 시간쯤 지났을 때 택시가 도착했다는 (신의) 부르심을 받았다. 택시 기사가 말하길, 간사이 공항에서 야간 근무를 하는 고정 손님의 퇴근에 맞춰 대기 중이었는데 다리가 끊겨서 올 수 없겠다고 판단하고는 그냥 퇴근하려다 연락을 받았다고 했다. 네? 공항까지 가는 다리는 그거 하나뿐인데 그 다리가 끊겼다고요? 그리고 교통지옥이 펼쳐졌다.

재난에 대처하는 일본인의 자세를 알게 된 곳은 편의점이었다. 언제까지 차가 막힐지 알 수 없는 상황이니 화장실에 들르자는 택시 기사의 말에 그러자고 했는데 불이 전부 꺼져 있었다. 일대가 전부 정전이라는 걸 그제야 깨달았다. 눈에 보이는 곳은 전부 어두웠다. 캄캄한 밤의 편의점으로, 동네 사람들이 현금을 들고 자전거를 타고 와서 물이며 이것저것을 사갔다. 내가 들렀을 때는 이미 빵은 하나도 남아 있지 않았다. 화장실에도 불이 들어오지 않아서, 비상시에 쓰는 배터리식 손전등을 두고 있었다. 사람이 꽤 많았는데도 무척 고요했다. 적막처럼. '신용카드를 쓸수 없구나.' 그 생각이 드는 순간, 왜 일본이 여전히 현금 사용을 중시하는지 알 듯한 기분이 들었다. 최소한 재난 상황에 대처하려면 현금이 필요한 법이다. 기계는 아무 쓸모가 없다.

어쨌거나 해가 지고도 한참이 지나, 드디어 체증 구간이 끝나고 오사카 시내로 접어들었다. 비바람은 그쳤지만 길거리에는 여전히 사람이 없었다. 문 연 가게도 거의 없었다. 그 와중에 문을 연 교자노오쇼餃子の大将, 만두와 볶음밥 등을 판매하는 체인점 매장 한곳에 줄을 길게 선 사람들의 모습이 보였다. 택시 기사와 나, 둘 다 안도감에 웃음을 터뜨렸다. "세상에, 저 집이 맛있나? 교자노오쇼에 줄을 선 모습을 다 보다니." 한국으로 치면 김밥 천국 앞에 줄이 늘어선 셈이랄까. 웃다 고개를 들어보니 교통 신호며 표지판이

전부 바람이 부는 방향으로 돌아가 있었다.

　　이것도 나름대로의 무용담이겠지만, 사실 겪지 않았다면 더 좋았을 것이다. 태풍이 멎은 직후 린쿠타운에서 차편을 알아보던 때의 막막함은 말로 다할 수 없다.

　　언젠가 봄에 교토를 갔을 때, 숙소까지 가는 길에 전차를 몇 번 갈아탔었다. 지상에 있는, 아마도 단바바시丹波橋역에서 전차를 기다리고 있었던 것 같다. 날이 흐렸고 눈앞에 이해할 수 없는 공터가 있었는데, 어림짐작으로 허벅지 높이까지 무성히 자라 있는 풀이 반짝이지 않는 은색 물결을 이루며 바람이 부는 대로 '쏴' 하는 소리를 내며 흔들리고 있었다. 비온 뒤의 선선한 바람과 더불어, 좋았다. 내가 좋아하는 교토에서의 시간이 그런 별것 없는 우두커니의 시간들로 이루어져 있다면, 신물 나는 시간은 자연재해와 인파, 웃돈을 얹는 관행이 자리 잡은 성수기(벚꽃철과 단풍철에는 같은 호텔이라 해도 가격이 인상적용되는 경우가 많고, 일단 빈방이 없다)에 대한 짜증으로 이루어져 있다. 기대는 결과와 다르다. 여행은 늘 그렇다.

레너드 코페트의 《야구란 무엇인가》에는 위대한 감독이 세 가지를 기억하고 있다고 쓰여 있다. "첫째, 장기적으로 보면 행운과 불행은 상쇄된다. 둘째, 언제나 내일이 있다. 셋째, 모든 선수를 똑같이 만족시킬 순 없다." 말보다 행동이 어려운 잠언 중 하나가 바로 그것이다. '모두에게 사랑받을 수 없다.' 혹은 '모두를 만족시킬 수 없다.' 아니면 이렇게 말할 수도 있으리라. '언제나 만족할 수는 없다.' 혹은 '모든 순간에 만족할 수는 없다.'

매주 잡지를 만들면서 늘 갈등하는 문제도 바로 그것이고, 사람과 사람의 관계를 다지는 데 말썽을 일으키는 문제 역시 그것이다. 행복한 동시에 착한 사람이고 싶은 마음은 간절하지만 모두가 행복해질 수 있는 법은 도통 찾아지지 않는다. 늘 그 중간쯤에서 타협하고 적절하다고 생각하는 선에 나를 맞추지만 결과는 모두의 불만족으로 이어질 뿐이다. 남에게 충고할 때는 선택과 집중을 이야기하지만 그 자신의 문제가 되면 선택이고 집중이고 할 것 없이 그저 우유부단의 화룡점정을 찍으며 '우물쭈물하다 내 이럴 줄 알았지' 운운하고 만다. 착한 것과 우유부단함을 혼동하고 호불호가 분명한 것과 이기심을 섞어 말하는 세상에서는, 쉽지 않은 일이니까.

부디 나도, 이 글을 읽는 여러분도 타협하지 않는 똑똑한 일상을 밀고 나갈 수 있기를 바란다. 까짓것, '언제나 내일은 있'고 '장기적으로 보면 행운과 불행은 상쇄'된다. 위대한 야구 감독이 아니라도 평범한 인간이라면 누구나 명심할 만한 잠언이다. 그리고 버리는 신이 있으면 줍는 신도 있다. 혹은 버리는 신이 있어야 줍는 신도 있는 법이다.

2019년 봄 서울에서

교토의
밤 산책자 🌙

ⓒ 이다혜 2019

초판 1쇄 인쇄 2019년 3월 20일
초판 1쇄 발행 2019년 3월 30일

지은이 이다혜
펴낸이 이상훈
편집인 김수영
본부장 정진항
기획편집 허유진 오혜영 김단희
마케팅 조재성 천용호 박신영 조은별 노유리
경영지원 이해돈 정혜진 이송이

펴낸곳 한겨레출판㈜ www.hanibook.co.kr
등록 2006년 1월 4일 제313-2006-00003호
주소 서울시 마포구 창전로 70 (신수동) 화수목빌딩 5층
전화 02) 6383-1602~3 | 팩스 02) 6383-1610
대표메일 book@hanibook.co.kr

ISBN 979-11-6040-243-8 13980